U0030869

會議是商業情境中不可或缺的要素。現在仍然有許多事情都是在會議中進行裁決，決定企業發展的方向。

任職於企業之後，經過某程度的時間累積，自然就會被指示出席類似的會議。

就像我任職於某電機製造廠商，和漫畫人物「島耕作」一樣，在銷售宣傳部門時，當然也參加過會議。還記得第一次參加的是自己部門內的協調會議，應該要如何發言？甚至連會議的重要關鍵是什麼？都不知道而著實吃盡苦頭。

另一方面，經常可以聽到一些對於會議表示否定的聲音，例如「明明花了二個鐘頭開會，結果還是沒有任何決定而不了了之」、「只要部長的一句話，就否決掉之前經過好幾次會議才決定的事項」等，於是會議就愈來愈被視為麻煩製造者。

會變成如此是因為多數的會議，召集會議者通常也主導會議的進行，會按照自己的意思來進行會議。而能夠成為召集會議的人物，地位大多都處於會議參加者之

上，所以參加者並無法積極地發表意見。如此一來，會議就在主導會議的人，以其單方面的意見引導下結束。

我在電機製造廠商當業務員的時候，往往也有像這樣的會議，每每在被指示出席參加會議時，都覺得是件讓人厭惡的苦差事。

在這樣的狀況下，出現備受注目的所謂引導型會議（Facilitation）。引導會議進行的角色被稱為主持人，以中立的立場引導出各個參加者的意見，使會議趨向產生具建設性的結論。但是，實際上想要進行這樣的會議時，應該也不知道實行的方法吧？

有關這類型會議的現狀，在本書中，將針對包括參加會議時的心得、簡報技術，以及被指示擔任會議主持人時的做法等，所有關於會議的實用方法，以Q&A方式逐步解決。期待各位讀者能學習策劃出迅速，且具有意義的會議相關技術，以因應重視速度的現代化商業社會。

弘兼　憲史

說服的方法 …… 57

STEP 4 會議的準備……93

會議的進行方式 …… 113

會議的總結方法 ⋯⋯ 139

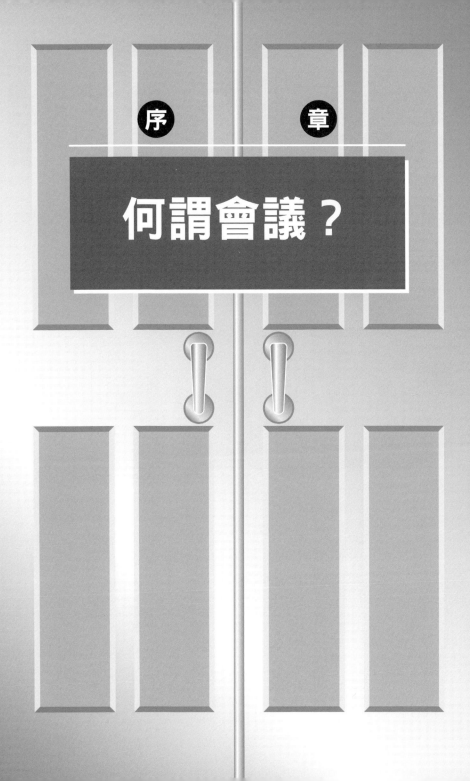

序章

何謂會議？

基本 會議的四大目的

① 藉由交換意見解決職務的問題。

② 統一組織內部的意見，形成相互協助合作的態勢。

③ 交換資訊並分享資訊。

④ 賦予出席者責任感，並期許其提升能力。

許其能力向上提升的要素。

含對於出席者賦予責任感，並期

再者，在這樣的會議中，也包

目的。

作間的代溝也是其中非常重要的

在會議中進行交換，降低彼此工

議。參加者將各自擁有的資訊，

意見進行統一，然後做出最後決

其次是對於參加者各自堅持的

決方法。

題，藉由意見交換的方式尋求解

公司外部的交涉、勸說等各種問

部的利害對立或職務分擔，以及

意見溝通。其目的是對於公司內

所謂會議是指三人以上進行

定許多重要的議題。

個地方一定也正在召開會議，決

在商業社會中，相信此刻在某

何謂會議？

召開會議的理由

為何要召開會議呢？

答案

會議主要是為了解決問題、分享資訊、統一意見等目的而召開的。

基本 會議的種類

因為會議種類的不同，參加者對於會議目的的認知也大異其趣。若是擔負召開該會議的責任，絕對必須確定會議目的之後再行動。

	會議的種類	內　容
報告會議	進度會議	對於分成複數小組所進行的方案內容，提出進度狀況報告並且共有狀況的會議。
	資訊交換會議	提供各自所擁有的資訊，並藉由他人資訊的提供，以達到分享重要資訊為目的而召開的會議。
策略會議	問題解決會議	對於在執行職務過程中發生之問題，尋求解決方案的會議。
	策略立案會議	擬定企業策略的會議。
	決策會議	為了決定提案的方向性而召開的會議。
調整會議	利害關係調整會議	當各部門之間的利害關係發生對立時，為解除該對立情形而召開的會議。
其他會議	例行會議	定期舉行的會議。
	緊急會議	因應緊急事件發生時所召開的會議。
	禮儀會議	儀式典禮或經營方針發表會等形式化的會議舉行。

一分一秒決定生死？
嚴格遵守會議時間！

出席會議必須嚴格遵守時間。公司內部的會議也該如此。因為工作關係而可能遲到時，需要先與上司或是主席商量，尋求其判斷後的同意。在抵達會場後應道歉致意，然後向鄰座的人詢問到目前為止的進度，並立刻加入會議。認為只遲到5分鐘沒關係是錯誤的觀念。事實上，遲到5分鐘比遲到1小時的後果更嚴重。若是因為不可抗拒的原因而必須遲到1小時，多半會於事前進行連絡。但是遲到5分鐘，通常都是因為態度過於鬆散的緣故。

動作快一點！
絕對不容許遲到！

因為態度過於鬆懈而遲到是不配稱為社會人的。

基本 會議的程序

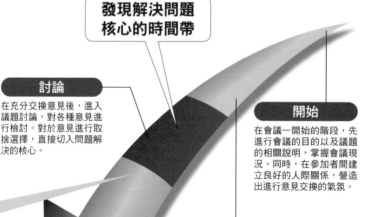

發現解決問題
核心的時間帶

討論
在充分交換意見後,進入
議題討論,對各種意見進
行檢討。對於意見進行取
捨選擇,直接切入問題解
決的核心。

開始
在會議一開始的階段,先
進行會議的目的以及議題
的相關說明,掌握會議現
況。同時,在參加者間建
立良好的人際關係,營造
出進行意見交換的氣氛。

意見發表
全體參加會議的人員,盡
可能集中目的在提供多數
意見。此時,為了讓會議
討論內容更廣泛多元,必
須注意不要拘泥在細項的
討論。

結論
經過討論後,會議在找出
目標議題的解決方案時,
導出依此為基準的結論,
展開達成共同意見的協
議。

何謂會議?

會議是
如何進行的?

答 案

一般的過程是由提出議題開始,經過
意見發表、討論,然後做出結論。

　　會議有以下四個程序。在最
初的程序開始之中,會議主持人
開場致意,以及說明會議概要,
為了使接下來可以有熱烈的意見
交換,必須試著營造出會議的氣
氛。

　　當參加者能按照預期,熱烈進
行意見交換時,接著就可以進入
意見發表的階段。在此,精簡篩
選出參加者們各自不同立場所提
出的意見後,即可進入討論的階
段。

　　針對提出的意見進行檢討,同
時將多數的意見歸納整理成更合
適的討論議題方向。接著,引導
出最後結論並決定實施方法。如
此,會議即可終告結束。

可以利用目錄銷售，現在的目錄銷售不是利用郵寄目錄的方式，而是採用網路銷售的途徑。

即便不用陳列實際商品，也有辦法可以發揮和一百坪店鋪大小相同的效果。

就算有心想要做，但是只有十坪左右的店鋪，要如何進行呢？

針對意見進行討論，之後再篩選出優越的意見。

接著應該可以進入會議結論的時間了。

各方的意見差不多都已經充分表達了……

經過熱烈的意見發表之後，就可以進入結論階段。但是，對於進入結論時間點的判斷，需要具備高度的技巧。

 只是浪費時間的會議
×不及格

　　出乎意料的有很多毫無幫助的會議。
　　首先，「責任迴避的會議」，因為是將自己的意見決議推卸給會議所有成員，這就是使得個人以及組織衰退化的原因之一。依賴他人意見的「聽從對方意見」，或是上司強行灌輸自我意識的「強迫接受型」等，本來就不是會議應該有的形式。另外，目的與目標不明確、不夠徹底的會議，或是單純只是為了試圖溝通而舉行的會議，以及固守形式的會議等，這些都是毫無用處、浪費時間的會議。

毫無意義的會議將招致企業的衰退。

會議的登場人物——掌握會議成功的關鍵性人物

角 色	職 責
會議領導者	・決定討論的主題，確保必要出席的人物 ・支援意見交換，決定最終的意見 ・擔負決定事項的實際執行責任，對於最終結果負有責任
會議主持人	・從中立的立場指導意見交換的進行 ・引導參加者提出構想，並朝向具建設性結論的發展方向 ・歸納整理議題內容，並提出讓全體參加者都能接受的結論
記錄者（書記）	・記錄議題內容並支援協助會議主持人 ・製作記載結論或決議事項的會議報告書、議事記錄
計時人員	・能夠於時間內結束意見交換，一邊對於時間進行管理，也同時支援協助會議主持人
簡報者	・對於會議的參加者進行簡報說明，努力朝著自己期望的結果方向進行解說
參加者（聽眾）	・參加會議，根據主持人的會議進行步調提出意見，協助能夠引導出具建設性的結論

STEP 1

參加會議

決定參加會議後，首先應該做什麼？

首次被賦予重任

　　加入企業，當經驗累積到某個程度時，終於有機會可以參加部門內所舉行的會議，例如企劃會議或報告會議等。

　　但是，當第一次被上司命令參加並要求事先準備時，一定很疑惑到底該準備些什麼才好。

　　在STEP1中，針對在首次參加的會議中，如何才能夠不失敗，說明應有的事前準備、發言的方式等會議所需的基礎知識。

STEP1 的重點 －在參加會議時－

博通公司 發表

電報堂公司 發表

應該如何看開會通知單的內容呢?

基本 議程的確認

①確認會議目的,若沒有清楚記載時,需向會議主持人進行確認。

②確認會議目標,若沒有清楚記載時,需向會議主持人進行確認。

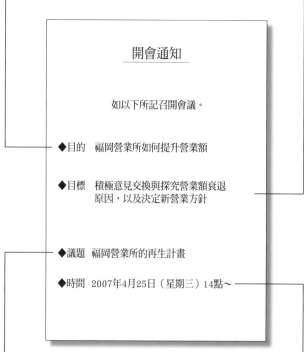

開會通知

如以下所記召開會議。

◆目的　福岡營業所如何提升營業額

◆目標　積極意見交換與探究營業額衰退原因,以及決定新營業方針

◆議題　福岡營業所的再生計畫

◆時間　2007年4月25日(星期三)14點~

③確認議題,按照自己的方式事先思考解決問題的意見。

④配合開會時間安排預定行程,事先安排妥當,避免在開會中因其他事情被召喚出去。

答 案

審視會議對自己是否有價值、是否能貢獻一己之力,再判斷是否參加。

會議的議程(開會通知單)送達時,首先做出是否出席的判斷。

其判斷基準為以下兩點:召開的會議具有確切的目的或目標,該目的或目標對自己而言是否為有價值的內容?另外,判斷自己是否能對會議有所貢獻。

目的或目標不清楚的會議,最終只會不了了之,而不能有所貢獻的會議,則變成只是單純出席會議。

想要了解這點,就必須確實過目所分發的資料。對於會議的主題、問題點、目的或目標進行確認並檢討。加上是否可以與現有手邊工作取得平衡來判斷的話,應該就是最理想的方式。

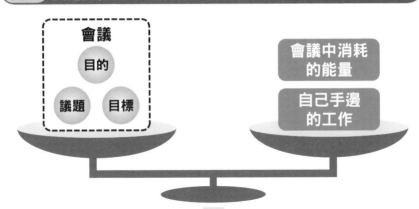

將會議的議程內容配合自己的現況進行檢討。

會議的議程……目的、目標、議題，全部明確清楚

雖然有點忙，但或許有參加的價值

比較之後判定為具有價值的會議……

是否能對會議有所貢獻……

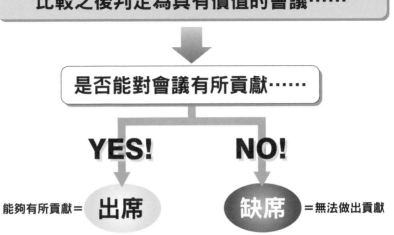

YES!　　　NO!

能夠有所貢獻＝**出席**　　　**缺席**＝無法做出貢獻

基本 首先蒐集資料

決定參加會議之後

▼

蒐集與會議內容有關的資料！

銷售宣傳部門

欸……

嗒嗒 嗒嗒 嘰

與會議有關聯的資料，其實就近就可以充分獲取。要訣是以說明書或社內資料為主進行蒐集。

有了！就是這個

事先聽取自己所屬部門成員的意見也是非常重要的。特別是代表公司或部門參加會議時，必須事前聽取並且蒐集上級長官或關係者的意見。

答案

在開會前應該做些什麼準備？

蒐集會議相關資料，並且事前聽取部門內的意見。

決定參加會議後，就必須進行意見及相關資料的準備。因此，從分發的資料中，首先必須注意到自己在會議中的角色。

包括議題或現狀的問題點，從參加會議的成員中，掌握自己被期待賦予何種程度的任務。例如，若身為部門代表出席參加會議，就必須事先做好部門內的意見蒐集。

在意見被決定之後，接下來就是要準備補強意見的資料整理。

例如，若是決定商品名稱的會議，則可提出其他公司的命名實例，或是目前具流行性的商品名稱等，藉以提高說服力。另一方面，為了不讓參加會議影響到平時的工作，也必須考慮進行些許的調整。

出席的確認和連絡 ☞P18

收到議程，在經過考慮之後決定是否出席，並通知主辦者。

目的或目標不明確的會議參加與否有待商榷。不僅影響到自己目前手邊進行的工作進度，會議也很可能沒有做出任何決定，只是浪費時間罷了。

議題的研究

仔細閱讀所分發的資料，掌握會議的細項內容。

蒐集資訊

其他還有誰會出席會議？抱持著怎樣的意見？自己的部門應該提出怎樣的意見等，針對會議進行必要的資訊蒐集。

資料的準備

蒐集與會議有關的資料。另外是自己闡述意見時的說服能力，關於這方面的資料也必須事前進行準備。

意見的準備 ☞P22

以目前為止所蒐集到的資料為基礎，歸納整理出當日自己必須闡述的意見架構。

排練和業務內容的調整 ☞P52

為了想要說服某人而闡述意見時，或者是進行簡報時，建議事先排練。
另外，避免在會議進行中被召喚出去，應事先進行行程的調整，並且請同事幫忙，若會議中有電話，務必傳達正在會議中無法接聽。

出席參加會議

該如何彙整意見？

答案

針對現有狀況的問題點，準備資料以及理論依據，並試著導出解決策略。

基本 具邏輯性發言的三大要素

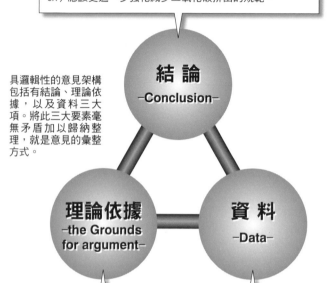

〔發言的結論、意見、主張〕
ex）應該更進一步強化減少二氧化碳排出的規範。

具邏輯性的意見架構包括有結論、理論依據，以及資料三大項。將此三大要素毫無矛盾加以歸納整理，就是意見的彙整方式。

結 論
-Conclusion-

理論依據
-the Grounds
for argument-

資 料
-Data-

〔一般的傾向以及法則性等〕
ex）在世界各地均頻頻發生異常氣象，而且也持續環境破壞。

〔證明結論的數值或事實〕
ex）100年後地球的平均氣溫會上升2～3度的資料。
ex）造成地球暖化的最主要原因之一，就是來自於汽車或工廠和人類所排放出來的二氧化碳。

可能在會議中出現的意見，是由包括問題點的確認、問題點原因的探究、解決對策的檢討以及提案等步驟所構成。因此，首先必須寫出各個階段中自己的想法。將這些以結論、理論依據（理由）、資料（證明）的形式歸納整理而成就是意見。這個時候，將意見以具邏輯性的方式加以彙整是非常重要的。

例如關於成本削減的問題解決策略上，提出至海外設立工廠的提案。在理由（理論依據）方面，就可以提出人事費用低廉。為了證明這點，若能夠提出包含人事費等成本削減的數值資料，這就是一項具邏輯性的提案。

本公司也應該放眼未來，積極考慮進入中國市場！

不，目前的時機仍嫌太快！暫時應該還是專心於國內市場！

A

B

沒有理論依據及資料輔助的議題討論，只不過是交換意見而已

因 此

本公司也考慮中國市場的發展。（結論）
如同各位所知道的，中國目前正處於顯著性的發展階段，不僅是日本，許多外國企業也陸續將觸角伸入中國。（理論依據）現在本公司在中國的營業額，停滯在二億日圓的規模，但是正式進入中國市場，預估十年後會有約十億日圓的營業額數字。（資料）

提出理論依據和資料，歸納整理成具邏輯性的意見

會議時間並非愈長愈好？
將發言控制在三分鐘以內！

會議中嚴格遵守發言時間是非常重要的。時間也是成本之一。每位參加者若是都能遵守發言時間，會議也就能夠有效率，避免拖延過長的情形發生。

因此，有效的方法就是事先規定發言時間。在會議的開始，由司儀訂出規則並說明「發言請以一次一分鐘之內為限」、「首先先陳述結論，說明時請簡單扼要」。

如此一來，發言者就會考慮時間和發言的方法，並注意內容，力求簡潔明瞭。

無意義的長時間發言，剝奪了大家的時間。

4

聽取意見時的重點是什麼?聽取其他參加者意見時的重點是什麼?

基本 讓人產生好感的應答方法

現階段還沒有規格統一化,有日規、美規,大家都以各自的路線進行開發

◆「是」、「對」、「原來如此」
→點頭示意並加上隻字片語,這是最基本的應答方式

◆「然後?」、「接下來是?」
→這是讓對方容易接話的應答方式

◆「確實是很嚴重的問題」、「這樣很好」
→表示同感,同意對方的應答方式

◆「只有你才能提出這樣的結果」
→對於對方的報告內容給予正面的誇獎言語,鼓舞對方士氣的應答方式

善用應答方式讓發言者更容易陳述意見

答 案

重點放在發言主題、理論依據、事例和真正含意,邊聽發言邊做紀錄。

有道是「會說話的,也會聽話」。通常會議是聽取他人意見的時間比較多,因此必須做到有技巧的傾聽。

首先,看著發言者邊做出回應邊聽講。接著,對於發言者的主題、理論依據以及事例是否適切,還有發言者真正的意思為何等,進行整理的同時,聽取發言內容。

將發言內容在腦中圖像表示化也是一項訣竅。如此能清楚明白整體的來龍去脈,有助於提高理解度。

另外,隨手記錄發言內容也可以幫助理解。只要將關鍵字或數字等重點記錄下來即可。不僅對於內容的理解有所幫助,在自己發言的時候也可以發揮功用。

「針對發言內容的確認要點」
・發言的主題為何？
・理論依據為何？
・專例是否適切？
・發言內容的真正意思為何？

▼

聽取並分析對方的發言，思考自己的意見

有助於意見分析的memo術
案例：探討營業額低迷不振的原因

● **如此便可以清楚知道是由誰所提出的意見**

→知道是誰以什麼立場陳述意見，如此能夠防止對發言者產生情緒上的對立。

● **只將重點整理出來**

→條列式紀錄，利用簡潔的敘述加以整理。

● **列舉出重要的數字**

→不只是為了會議的進行，因為與之後的工作也會產生關聯，一定要將數字記錄下來。

● **事先寫下有疑問的地方**

→運用於稍後對發言者提出質疑時。妨礙發言的提問是違反規則的行為，所以可以先寫下備忘紀錄，等到發言結束後再提出疑問。

○○主任

・營業額低迷不振的原因在於商品開發
・本公司:每年50件⇔其他公司:每年70件

○○部長

・問題在於銷售能力
・本公司的新簽訂契約店鋪增加15間店

↕

・A公司的新簽訂契約店鋪增加20間店

・A公司的開發費用和本公司的開發費用相比較？

遠山先生，電報堂提出要求，想要利用這首出道單曲做為Ｍ漢堡的廣告歌曲。

參加會議時，要事先清楚認識自己的角色。

答　案

理解會議的目的，依據不同目的毫無遺漏記錄相關資訊。

一般而言，會議有許多種類，而參加者的態度也各不相同。

為了了解資訊的傳達，會議主要分為四種。進度報告會議，是為了清楚計畫的進行狀況；營業額報告會議是要掌握市場的動向；客訴報告會議則是決定對各種客訴的處理方式。在資訊交換會議中，記錄重要資訊是不可欠缺的基本動作。其次是策略會議。這類會議包含問題解決會議、策略擬定會議、決策會議。其他還有利害關係協調會議或企劃會議等例行會議，以及緊急會議、禮儀性會議等。依據會議目的的不同，培養隨機應變的能力。

實踐 各種不同會議類別必須掌控的要點

報告會議

資訊交換會議

為了整合每個人擁有的資訊的會議,因此要確實記錄以防止重要資訊漏失。

客訴報告會議

確實記錄來自顧客的抱怨內容。在最短的時間內,讓上司掌握客訴的應對方法。

策略會議、協調會議

問題解決會議

掌握問題及其原因,尋求解決策略。聽取各種不同的意見並與自己的意見進行比較,協助幫忙找出最佳的解決方案。

利害關係協調會議

確實聽取利害關係對立的不同部門成員的意見並加以記錄。絕對不能趨於感情用事,必須冷靜聽取對方的意見。

其他的會議

企劃會議

不能只是單純聽取其他參加者的企劃簡報,對於有質疑的地方也應毫無隱瞞提出詢問。

緊急會議

對於發生的事件做出隨機應變的處理。在一開始時掌握上司是如何處理各種危機的方式,之後便可以加以活用。

發言時的注意事項為何？

基本 發言的種類

①提出問題
對於議題的問題點，或是現在發生了怎樣的問題等提出質疑。

②提供資訊
對於與議題相關的資料或資訊等進行報告。

③提案
關於議題的解決方法或改善方法等進行提案。

④感想
對於其他參加者發言的感想。

⑤提出疑問
對於其他參加者發言的疑問點進行確認。

⑥應答
針對自己發言的疑問進行回答。

⑦反對意見
無法贊同其他參加者提出的意見時，進行其他意見的提案。

⑧贊成意見
贊同其他參加者提出的意見，對於自己也持相同看法表明共同立場。

⑨意見整理
將所有被提出的意見進行整理，明確找出對立的不同意見。

⑩確認達成共識
充分議題討論之後，確認達成結論。

答　案

意識到不同的發言種類，注意不要出現武斷性的口吻。

發言有以下十個種類。提出問題、提供資訊、提案、感想、疑問、應答、反對意見、贊成意見、意見整理、確認達成共識。

事前先將意見用條列方式整理寫出，清楚確認自己的意見是屬於何者之後再進行發表。

發表則是依照結論、理由、根據的順序來進行。也就是依照「結論就是……（結論）。因為……（理由），例如……（根據）」的進行方式發言是最理想的。聲音則是以穩重且低沉的音調較討喜。

另外，發言時也要判斷時機。首先，不可以打斷他人的發言；取得主席的許可後始可發言，並注意說話不要過於冗長。

實踐 提升說服力的發言方法

張大嘴巴，像是和離你最遠的人對話般進行發言。說話稍微放慢，保持適當的速度。另外，在談話中應避免武斷的用字遣詞。

事先條列式寫出要傳達的主張，準備好發言用的memo。

發言時，注意不要打斷他人的發言，取得主席的許可後始可發言！

搭配身體動作、手勢等身體語言。

為了擁有具說服力音調的聲音訓練

要發出具說服力的聲音，訓練是必要的。依照下列順序，試著發出有魅力的聲音吧！

 ◀  ◀  ◀

④由鼻子吸氣讓腹部鼓起，充分吸進空氣後，用手邊壓住下腹部一邊發出「ha～」的長音。①～④重複做5次。

③將手貼於胸前感受震動，一邊發出「n－」的共鳴聲。

②將手貼在喉嚨上發出「n－」的嗡嗡共鳴聲。

①將意識集中在鼻子上，然後食指放在鼻子上發出「fo－」的聲音。

資料出處：《魅惑的技術》西松真子（Index Communications出版社）

如何提出精確度高的問題？

```
              提  問
        ┌───────────┴───────────┐
   以資訊蒐集              為了掌握問題
   為目的的提問             的提問

   蒐集未知的資訊，         明確了解問題所在，
   了解概略的狀況。         藉此可以進行原因的
                          分析、解決方法、知
                          道優先順位。
```

> 要不要和我上床？

這個提問是屬於哪一種類的問題呢？

答案

在事前將要提問的內容先做記錄，將問題集中在一個事項上。

會議中，若對於其他參加者的意見產生疑問，則在提問的時間進行發問。

但是，每一次的發言以提出一個問題為限。其內容必須是符合會議的本質，具體的發言內容也是非常重要的。被指名之後，先說「那麼，接下來就由我來進行發問」，明確表示自己的發言屬於提出疑問。接著，從結論開始進行簡潔的陳述。

為了能準確地提出問題，日常生活就應該時常抱持「為什麼？」的態度。即便對於簡單的報告，也要下意識地抱持著「為何會是這樣的結果？」的疑問並寫筆記。這樣的訓練能夠鍛鍊出優秀的提問能力。

1.將應該詢問的事項明確化

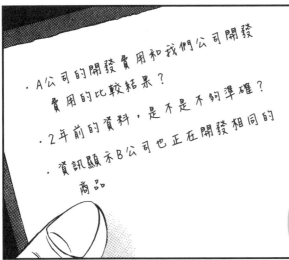

・A公司的開發費用和我們公司開發費用的比較結果？

・2年前的資料，是不是不夠準確？

・資訊顯示B公司也正在開發相同的商品

- ・意見　・理由
- ・事實　・感情
- ・數據　・方法

etc.

確認清楚自己想要知道的內容後再進行提問。

事先將要提問的內容先寫下來也是個不錯的方法。

2.先從想要詢問的內容開始敘述

　　有鑒於現在的經營環境，我們公司正處於迫切需要改革的時期……我的想法是……。
　　順道一提，關於這次提案中的成本績效評估，我知道有些許的增加，針對這點，你的看法如何？

　　我了解到這次提案商品的成本績效評估與前次相比有稍微增加，但是相較於成本增加，有產生其他方面的利益點嗎？

對於相反言論有不會造成爭執的方法嗎？

結果還不是以公司的經營為最優先考量，完全沒有顧慮到員工的狀況，不是嗎？藉由人事調整，公司得以重新振作，但是失業的我們或是在大型合併案中被放棄的許多失業者，該何去何從呢？這樣下去，日本整體都會遭受到失業者所造成的經濟衰退影響！

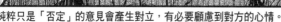

純粹只是「否定」的意見會產生對立，有必要顧慮到對方的心情。

答案

首先對於對方的意見予以肯定，然後再展開具理論依據的相反言論。

會議是討論的場所，也會有不同意他人意見，提出相反言論的情況。

但是，提出相反言論的方法若是不恰當，則會發展成為情緒上的對立。提出相反言論時必須注意的是，冷靜與顧及對方的感受。重視對方意見能夠緩和提出相反言論時產生的不當感情用事。

提出相反言論時，重點在一開始的說法。必須在對方的意見中找出與自己想法一致的共同點，「我認為您所說的意見很有道理」，先認同對方意見之後再切入相反言論。

相反言論的主題，不是直接反對對方的意見，而是要從意見的

①肯定對方的意見

「確實是相當具合理性的意見。」

②明確指出相反言論的要點

「但是，對於先前所提案的商品形象人物，我有其他的想法……。」

③明確指出相反言論的內容

「您提到的○○，但是就這次的商品，從對象年齡層方面進行考量的話，◆◆應該比較合適。」

④提出相反言論的根據

「和○○相比，◆◆在這個年齡層中的知名度比較高，而且◆◆擔任其他公司的廣告演出也大受好評，連帶影響營業額的增加。」

➡ 對於資料的對錯、資料的解釋等進行論理性的說明。

⑤結論

「因此，我無法贊成先前提案的意見。我提議推薦◆◆。」

➡ 若是將結論內容在一開始時就提出，恐怕只會造成雙方對立。

證據資料和解釋性的反對開始切入。以有根據的資料來源詢問對方「為了再次確認，我想要問的是……」；接著，對於相關資料的「陳舊」或是「欠缺信賴性」進行說明或是提出相反言論。

但是，若是以主觀的意見提出相反言論，只會陷於單純的反對。為避免如此，以及對於自己的主張能做到客觀的觀察，可以試著對自己提出相反言論。如此一來，對於對方的相反言論能得到某種程度的預測，也能夠完整提出合理的回答。

另外，不只是陳述自己的相反言論而已，思考對手容易接納的方法也是一項考驗。

若對方認同我方意見時，擁有讚揚對方的度量也是很重要的。

對於意見相左的言論應該如何應答？

各位，現在進行的新企劃案是「征服GS世代機」。

會議中針對自己的發言，無法預期會出現怎樣的相反言論，提醒自己即便是出現略具挑釁的言詞，也絕對不能意氣用事。

答案

聽取並判讀對方的真正含意，從結論進行回答。

當自己接受質詢或有相反言論出現時，最重要的就是隨時保持冷靜加以應對。首先，傾聽質疑或相反言論的態度是基本要點。不可有先入為主的觀感，一邊做出適當回應、一邊專心傾聽，掌握對方想要表達的真正意思。

當對方的質詢結束，進行回答時，首先針對對方所提出質詢的內容進行複誦並確認。針對「人手不足」的否定性問題時，必須有訣竅地轉變成「關於想要增加人手的問題」的肯定性說法。回答問題時從結論直接切入，明確進行說明。對於預料之外的問題，深呼吸之後，冷靜重新掌握狀況再做回覆，或是回答「我們將會進行調查」也是一種方式。

但是，若對方提出完全門外漢的

真的要依照這樣的計畫內容進行嗎？

「提出疑問或
相反言論者」

**接受到質疑或
相反言論的時候……**
· 對於對手抱持友好的態度，並將對方的提問內容毫無遺漏記錄下來。
· 是否具有責難的意味？對方到底有沒有了解我的想法呢？判讀對方的真正含意。

「發言者」

依照這個計畫執行下去，您對於今後抱持著很大的不安全感。針對這點讓我來進行回答。首先從結論直接切入，這個計畫確實具備實現的可能性。現在在我們公司的業績已經呈現復甦的傾向……。

讓對方無話可說的回答方式

對於提出的相反意見在進行互相辯論時，反過來再對對方提出疑問也是一種方法。「為什麼你會如此認為呢？」「有關這點，具體而言應該如何實行比較好？」由我方再度向對方提出問題。有人可能會因此而停止討論，甚至於撤回相反言論。

利用這種再提反問的方式，也是爭取時間的技巧方式。在對方思考的這段時間，對相反言論的理論進行驗證，重新整理我方的理論。

另外，若是在進行驗證之後，發現其實結論是相同的時候。此時則應該接受對方的意見，陳述「的確也可以做這樣的解釋。非常感謝您」，將話題結束即可。

只用簡單的一句話就能讓相反言論者停止話題的延續。

透過會議進行的人才培育法

會議的長期目的之一是培育人才。其目的是，透過會議學習到更寬廣的視野，讓思考更成熟、技術及能力的提升、學習問題解決能力以及人格特質成長等四大方向。

這些可以透過參加會議學習到，若有上司的指導，則能夠更快速成長。

從這觀點來看，藤田晉先生的Cyber Agent公司，就將會議以獨特的方法活用於培育人才上。

在這間公司裡，以公司內公開招募的方式進行新開發事業的募集，接受公司內部審查後，若獲得公司認同則會編列諸事業化，這個企劃稱為「造事業」（成立事業）方案。從參加公開招募後，在短短二星期內公布結果，執行的速度也是令人吃驚，但其真正的目的，其實就是培育人才。利用企劃書的內容呈現，將醞釀已久的事業想法加以成形，接著進行簡報，實際付諸新事業的籌劃運作，目標就是在於養成新一代的經營管理人才。

當中包括最終選考會議的簡報，在公司全體董事面前使用PowerPoint進行十五分鐘左右的解說。簡報者不僅對於事業的內容提出說明，也必須接受其他關於市場分析、事業預期等的提問，不只是將醞釀的事業想法付諸實行，更被要求必須具備寬廣的視野。另外，除了提案的內容，藉由簡報讓聽者感受到對事業的熱忱，才是真正的決勝所在。透過這樣的企劃或簡報，的確有助於思考方式和能力的提升。

為了能夠符合以上期待，在簡報結束後，董事們立刻進入審查階段，結果在當天就會發表。這個執行速度也成功擊破了公司內部停滯的空氣，是讓公司活化的主要原因。但是事業終究是現實的。即便得以事業化，若不能在半年內達到要求的標準，就會毫不留情被撤掉終止。另外，即便努力後雖然未能達到事業化，但是提出企劃，在董事們的面前進行簡報等，都是具有意義的。簡報的經驗累積都是成長的一部分。雖然到達期待的成果出現需要相當長的時間，但是因為藉著培育人才，使會議產生更好的結果，這些都影響到公司的整體利益。

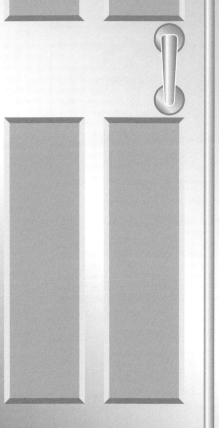

STEP 2

說服對方的準備

進行簡報時，必須做些什麼準備？

下次，要不要挑戰看看公司商品的銷售簡報呢？

上回的會議說明，淺顯易懂，做得很好！說話方式也很清楚明白，相當有氣勢。

做商品銷售的簡報，我可以辦得到嗎？

真的嗎！

不可欠缺的「說服對方」的技術

　　一開始參加部門內部會議，當被認同後，參與範圍也隨之擴展到包含與其他部門協商的部門外會議了。接到突如其來必須進行簡報的命令。在這之前的會議都只是陳述自己的意見，但簡報則是還要再加上「說服對方」的要素。這個時候，應該做些怎樣的準備呢？

　　在STEP2當中，將針對面臨第一次的簡報，對於簡報內容的構成等逐一解說所需的「必備知識」。

STEP2 的重點 ── 當被任命進行簡報時…… ──

1 簡報的準備

2 企劃書的製作方法

3 讓簡報得以成功的努力方式

被任命進行簡報時，首先應該做什麼？

基本 清楚確認簡報目的之三個「W」

Who（對誰？）

●公司內部？
・部門內的人物？
・部門外的人物？

●公司外？
・客戶？
・一般顧客？
・新開發顧客？

What（做什麼？）

・新商品？
・勞動環境改善的提案？
・契約的交涉？
・營業方針？
・企劃？

Why（為什麼？）

・為了讓對方購買？
・為了讓對方更清楚明瞭？
・為了訂定有利的契約？
・為了讓對方了解自己的方針？
・為了職場的士氣高揚？

明確是否能夠針對「對誰、做什麼、為什麼」三個重點進行說服（簡報），讓會議目的更加清楚明白。

▼

決定簡報的方向性。

答 案

清楚確認簡報的目的，進行蒐集解說時必備的資料。

當任命執行簡報後，首先必須針對「對誰、做什麼、為什麼」是否可以說服對方確立明確的簡報內容，並確認其目的。

對象是公司內部的人？公司以外的人？或是一般的顧客？想要銷售的商品為何？企劃？或者是公司內部新制度的簡報？依照目的不同，簡報的方法也會有很大的改變。

目的清楚確定之後，為了彙整出簡報內容，接著必須進行資訊蒐集。但不需要考慮太多。

商品的說明書或企劃書、市場的資料等，盡量從周遭的材料進行蒐集，就是最有效率的方式。

這次，為了提升關於客戶新商品的銷售額，今天的提案內容主要是對宣傳廣告方法這個部分來進行簡報。

簡報內容的目的清楚確定之後……？

針對可以成為簡報內容的資料進行資訊蒐集

●**新商品的說明書、規格表、使用說明書**

先從最容易得到的資料開始蒐集。藉由這些資訊的整理，可以獲取簡報中必須傳達的基礎資訊。

●**市場的統計調查**

從各種統計資料中找出能夠讓簡報內容處於優勢的數據。在構成簡報內容之前，盡量蒐集準備更多的資料。

以蒐集到的資訊為基礎，歸納彙整出簡報的內容。

●**完成的企劃書**

從既有的企劃書當中蒐集資訊或數據等，擷取轉變成自己能夠使用的資料。

●**網路**

由於資訊氾濫，要謹慎取捨資料。不要花費過多的時間在網路搜尋上，當無法找到可利用的資料時，應盡早放棄。

簡報內容的構成應該如何歸納整理？

基本 主題構成的基本三模式

1 順序說明型……按照順序進行說明、導出結論。

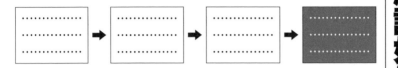

2 問題提示型……提出現有狀況的問題點,在解決這些問題的過程中導出結論。

3 先提結論型……在一開始就先提出結論,之後再展開詳細的說明。

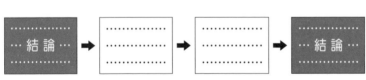

參考:《簡報之神》戶田覺(翔泳社)

答案

以蒐集到的資料為基礎,發想出三種類型的發展構成,並事先準備出數種模式的主題。

簡報內容主要由序論、主題、結論三部分構成。說明簡報內容的意圖,然後提出資料時,一邊說明說服對方的理由,再引導出結論,這是一般普遍的流程。

其中做為核心主軸的主題,必須事先準備幾種模式以利於彈性靈活地進行簡報。主題的模式當中,「問題提示型」是提出問題點及解決的方法。一開始就先將結論提出來的「先提結論型」,條件是須具有震撼力的結論。「順序說明型」則是依照順序進行說明,然後導出結論的類型。

在聽眾具有高度興趣的場合,是最有效的模式。

另外,在簡報內容中也必須放入對於對方有利的事物。

❶序論

從禮貌性問候詞開始，進行開場的鋪陳。
此時進行說服對方的重點部分傳達，並陳述結
論。（→P44）

❷主題

針對序論中提出的結論，進行更詳細的說明敘
述，利用提出資料及相關例證等試圖說服對
方。主題則應該因應聽眾的狀況，預先準備幾
種不同的模式。

❸結論

將序論中陳述過的結論轉變說法再次進行傳
達，讓自己的簡報說明能夠更深刻停留在聽眾
的頭腦裡。此時，不可以忘記必須確實強調對
方的利益點。

蒐集有關聽眾的資訊

　進行簡報時，事前先取得聽眾的資
訊。對於聽眾的人數、需求、知識水準
等，具備基本認識之後再去面對。

　例如，個人電腦的新商品介紹簡報，
對象會因為是銷售部門的人員或是生產部
門的人員而有所不同，因為說明的方式或
用字都會不一樣。另外，依照對象想了
解的資料不同，說明內容也隨之改變。其
次，聽眾關心的程度不同，也會使簡報內
容的構成產生改變。要事先蒐集聽眾的資
訊。

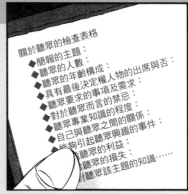

關於聽眾的檢查表格
●簡報的主題：
◆聽眾的人數：
◆聽眾的年齡構成：
◆具有最後決定權人物的出席與否：
◆具有要求的事項及需求：
◆聽眾要求而言的禁忌：
◆對於聽眾知識的程度：
◆聽眾專業知識之間的關係：
◆自己與聽眾之間的關係：
◆能夠引起聽眾興趣的事件：
　　　　聽眾的利益：
　　　　聽眾的損失：
　　　　聽眾該主題的知識……

蒐集聽眾的資訊，確立簡報策略。

抓住聽眾心理的要訣。

前些時候，在中國的直營工廠，勞動者為了要求改善環境，發動了罷工事件。

今天，我要針對本公司的勞動環境改善進行以下的簡報。

答案

重要資訊能夠抓住聽眾的心！冷不防的先下結論來引起聽眾的興趣。

吸引聽眾的要領
◆ **在一開始就先陳述結論**
◆ **在一開始先敘述重要的資訊**
◆ **說明全部的流程**→提高聽眾的理解度

在有限的時間內進行簡報，必須在開始就吸引聽眾的興趣。

因此，在一開始就先提出結論或是重要的資訊，先說明簡報的概要。若能提出簡報的整體概略圖，聽眾也能夠比較明瞭整體的狀況，提高理解度。提出「今天將針對三個重要事項進行說明」等，利用數字也是一種方式。

另外，簡報的結尾也很重要。

為了讓聽眾對於結論有深刻印象，必須對結論的總結部分多下工夫。提出問題的總結方式，可以讓聽眾針對問題在會後仍能有持續性的思考，或是將在序論時提出的結論轉換形式來做總結。

■ 30分鐘以內的簡短簡報

序論 ┈┈┈▶ 主題 ┈┈┈▶ 結論

在最初和最後加入可以吸引聽眾注意的說服重點

但是，超過30分鐘冗長的簡報，在進行主題的時候，聽眾開始會覺得不耐煩了。

■ 超過30分鐘的冗長簡報

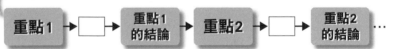

這個簡報的重點有3項。 → 告訴聽眾簡報內容的程序為何

重點1 → ☐ → 重點1的結論 → 重點2 → ☐ → 重點2的結論 …

在一開始提示想要說服聽眾的重點數目，在簡報的過程中，分別再將說服的重點加以分散。

不讓聽眾覺得厭煩的時間管理

一般人能夠集中注意力的程度大約是30分鐘，因此，簡報的時間控制在30-40分鐘是最理想的。時間分配分別是序論10分鐘，主題20分鐘，結論則在3-5分鐘。但是，較少簡報經驗的人，可以只傳達必要事項，因此15分鐘左右也是可以接受。但是隨著經驗的累積，最好還是將時間控制在30分鐘左右結束。

另外，容易使聽眾不由自主感到鬆懈的主題階段，必須加入一些即便稍微偏離話題，卻能引起聽眾興趣的內容。

他的簡報時間還真是長啊！

聽眾若是不耐煩，自然說服不了對方。

4

具吸引力的企劃書製作方式

如何製作企劃書？

企劃書不等於提案書

企劃書
提出問題解決的方向性和具體的解決對策。

企劃書必須提出提案內容和目的，以及企劃實行前和實行後的效果。

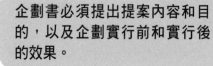

這個內容並沒有表示出企劃實行後的結果

提案書
雖然提出了解決的方向性，但未具體提出解決的方法。

報告書
僅是現有狀況的報告。

企劃書的製作必須包括提案內容和目的、實行企劃的效果，同時也必須是合乎邏輯的整合性內容。

答　案

從提出問題到具體的解決方法、實行計畫，以及實行後的效果為止，將之書面化。

所謂企劃書是列舉出問題點或主題設定，利用彙整後的解決方法，用於協助簡報時說服對方很重要的項目之一。

首先，從蒐集到的資訊中發現既有的問題點，接著針對問題點思考解決的方法，從企劃書中找出問題點、提出解決方案；接著，詳細敘述該方案實行後可能帶來的效果。

藉由這樣的方式再加上目的、實行前、後的效果就會更加明確，如此便可以完成具整合性的提案。

一旦決定企劃書的概要之後，將提出問題、設定主題等分為八個部分，並將每一個主題各自整理成一頁的內容。

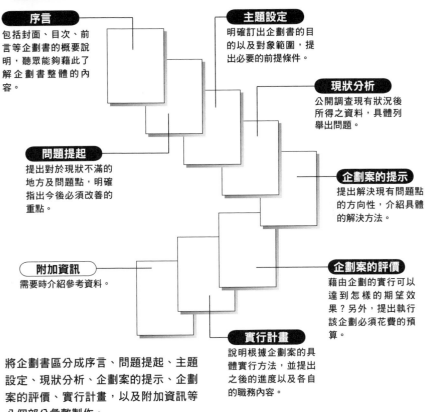

序言
包括封面、目次、前言等企劃書的概要說明，聽眾能夠藉此了解企劃書整體的內容。

主題設定
明確訂出企劃書的目的以及對象範圍，提出必要的前提條件。

現狀分析
公開調查現有狀況後所得之資料，具體列舉出問題。

問題提起
提出對於現狀不滿的地方及問題點，明確指出今後必須改善的重點。

企劃案的提示
提出解決現有問題點的方向性，介紹具體的解決方法。

附加資訊
需要時介紹參考資料。

企劃案的評價
藉由企劃的實行可以達到怎樣的期望效果？另外，提出執行該企劃必須花費的預算。

實行計畫
說明根據企劃案的具體實行方法，並提出之後的進度以及各自的職務內容。

將企劃書區分成序言、問題提起、主題設定、現狀分析、企劃案的提示、企劃案的評價、實行計畫，以及附加資訊等八個部分彙整製作。

實踐 不同目的的企劃書製作方法

業務	以業務銷售的動機、技巧的改善、提高消費者購買欲望，以及商品說明為主軸。明確說明商品的特性，重點是必須製作出能夠引發高度興趣的企劃內容。
商品開發	列舉出技術或材料的使用是否具有衝擊性、運用以往的技術實現新商品的開發、強調與其他商品的差異性、具有市場的商品價值，或是能夠明確指出商品的獨創性。
公司內部問題	針對業務改善進行提案時，重點在於必須明確指出實行企劃時可能遇到的障礙。

清楚易懂的企劃書製作重點為何？

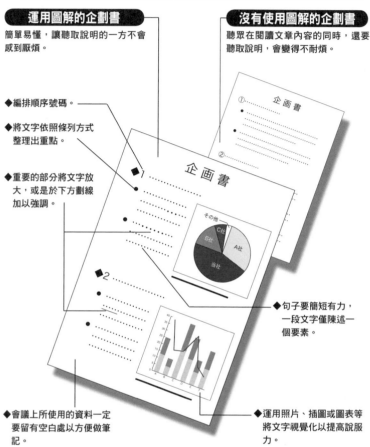

運用圖解的企劃書
簡單易懂，讓聽取說明的一方不會感到厭煩。

沒有使用圖解的企劃書
聽眾在閱讀文章內容的同時，還要聽取說明，會變得不耐煩。

◆編排順序號碼。

◆將文字依照條列方式整理出重點。

◆重要的部分將文字放大，或是於下方劃線加以強調。

◆句子要簡短有力，一段文字僅陳述一個要素。

◆會議上所使用的資料一定要留有空白處以方便做筆記。

◆運用照片、插圖或圖表等將文字視覺化以提高說服力。

答 案

文章以條列方式呈現，將數字圖表化，使內容能夠一目了然。

簡單易懂的企劃書，其特徵包括運用圖表呈現視覺上的訴求。

視覺化是可以將複雜的資料藉由具體的圖像讓聽眾能夠馬上理解，增加說服力。也有集中聽眾的意識，更快理解的優點。

雖然只說將文字視覺化表示，但利用關鍵字構成關係圖或圖表等製作，其實種類很多。呈現數字或比率用圓餅圖；數量或排列順序則運用長條圖表比較適合。時間順序的變化，運用曲線圖；表示項目內容的差異性則是運用雷達圖，這樣不同項目的差異處就能一目了然。人數較少的贊成派和反對派進行對比呈現時，更是需要在圖表上下一番工夫。

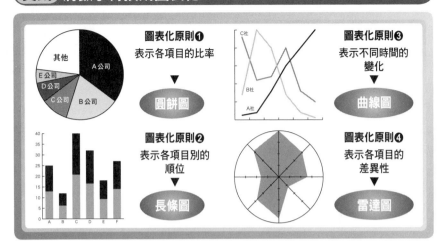

圖表化原則❶
表示各項目的比率
▼
圓餅圖

圖表化原則❷
表示各項目別的
順位
▼
長條圖

圖表化原則❸
表示不同時間的
變化
▼
曲線圖

圖表化原則❹
表示各項目的
差異性
▼
雷達圖

實踐 圓形圖表的技巧

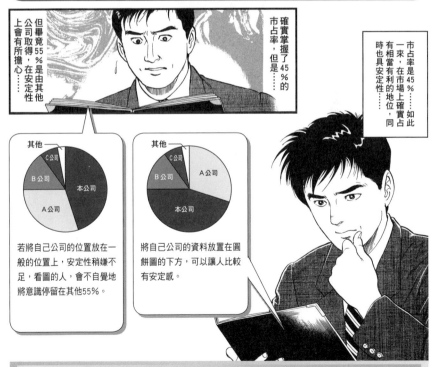

但畢竟55％是由其他公司取得，在安定性上會有所擔心……確實掌握了45％的市占率，但是……

市占率是45％……如此一來，在市場上確實占有相當有利的地位，同時也具安定性……

若將自己公司的位置放在一般的位置上，安定性稍嫌不足，看圖的人，會不自覺地將意識停留在其他55％。

將自己公司的資料放置在圓餅圖的下方，可以讓人比較有安定感。

在呈現的方式上面多下工夫，製作對於自己有利的圖表！

基本 顏色帶來的心理作用效果

暖色系	紅	除了可以振奮自己的心情，同時也能夠吸引聽眾的注意，是象徵熱情的顏色。
	橙	讓聽眾有活潑愉悅的氣氛。加上少許的黑色可以產生穩重、經驗豐富的感覺。
	黃	淡黃色給人安靜溫和的印象，深黃色則是給人較明亮活潑的感覺。但是，這個顏色是屬於比較不受女性歡迎的顏色，選擇上必須特別注意。
冷色系	紫	深紫色給人不乾淨且廉價的感覺，但是淡紫色的搭配則可以帶出高尚且氣質優雅的感覺。
	綠	能夠讓心情獲得安定，是可以消除疲勞的顏色，但由於缺乏震撼力，因此很難給予聽眾強烈的印象。
	藍	有讓人覺得時間變短、不繁複冗長的效果。
中間色系	白	雖然可以給人清潔、乾淨的感覺，但卻因此容易產生擔心弄髒的心理，是不自覺讓人充滿緊張感受的顏色。
	黑	掩飾感情、呈現威嚴的顏色。外表給人沉重、頑固的感覺。

穿著什麼服裝出席比較適當？

答案

選擇深藍色的套裝，繫上紅藍相間的領帶。

紅底加上藍花紋的領帶，搭配穿上顏色穩重的西裝組合，這也是美國總統候選人在辯論會等場合時，最常穿著的服裝搭配方式。

進行簡報時，要給人良好形象的話，就是清潔乾淨的感覺。理所當然不能有頭皮屑或殘留鬍渣，亮晶晶的飾品是禁止配戴的。最容易被忽略的鞋襪也是要注意的地方。服裝要比平常的穿著來得正式，例如身分若是部門主管，以部門經理為模範來穿著則更適當。

屬於說服性質內容的簡報時，建議穿著素面的深藍色或深灰色西裝。搭配高價而優雅的領帶以展現品味。紅底藍色斜條紋則可讓人不自覺充滿自信。襯衫以白色或淡藍色為主。襪子和鞋子都是黑色。特別注意要避免穿著鞋跟已經過度磨損的鞋子。

實踐 簡報時推薦的服裝品味

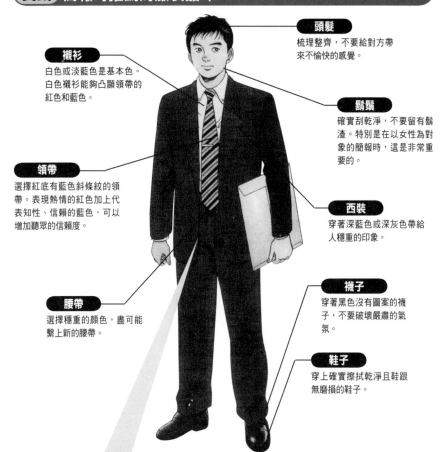

頭髮
梳理整齊,不要給對方帶來不愉快的感覺。

襯衫
白色或淡藍色是基本色。白色襯衫能夠凸顯領帶的紅色和藍色。

鬍鬚
確實刮乾淨,不要留有鬍渣。特別是在以女性為對象的簡報時,這是非常重要的。

領帶
選擇紅底有藍色斜條紋的領帶。表現熱情的紅色加上代表知性、信賴的藍色,可以增加聽眾的信賴度。

西裝
穿著深藍色或深灰色帶給人穩重的印象。

襪子
穿著黑色沒有圖案的襪子,不要破壞嚴肅的氣氛。

腰帶
選擇穩重的顏色,盡可能繫上新的腰帶。

鞋子
穿上確實擦拭乾淨且鞋跟無磨損的鞋子。

依照各種不同場合之西裝和襯衫的組合搭配

面試
西裝選擇最安全的深藍色,避免穿著給他人太過休閒形象的襯衫。領帶則以給人親切感的暖色系為佳。

商談
選擇給人知性或信賴感的藍色系領帶,搭配能凸顯領帶的淺灰色西裝。

銷售對象為女性時
灰色的西裝,搭配上白色襯衫,再繫上給人幸福感、安心感的粉紅色領帶。

道歉謝罪
為了給人誠實的形象,選擇以深藍色西裝、藍色系領帶就能讓人產生信賴感。

事前演練時要確認哪些事?

基本 在太太的面前進行事前演練

沒有相關專業知識的人都能夠理解的簡報內容，
正是最優秀的簡報內容！

▼

請試著在你身邊而且沒有相關專業知識的
妻子面前，先試著練習看看。

……這樣的內容。
……大致就是

嗯～，大致上是可以了解，但是比較難理解這個商品和市面上既有商品的差異。

是嗎？

在音質上，這款商品有目前現有商品相比的目前現有商品無法相比的優越性……

嗯—，現在的簡報大約只能拿五十分吧！

沒有相關專業知識的人若能理解內容的話，大概就可以稱得上是最優秀的簡報了！

答案

尋求同事或上司的協助，幫忙注意內容以及自己的肢體語言。

不要貿然直接進行簡報，事前進行演練是鐵則。在事先演練當中必須進行確認的包括「內容架構」、「時間設定」、「預定時間」、「說話方式」、「禮儀」、「身體語言」，以及「視覺效果的利用方法」等七個項目。其中，必須確認的是時間和說服對方的重點。利用攝影機側錄下來後觀察，並請同事幫忙檢查，做客觀的判斷。

事先演練分別是在原稿完成時、視覺資料完成時、正式簡報前，至少進行三次練習。第一次是進行發出聲音念稿的練習，檢查內容是否合乎邏輯。第二次是使用視覺上的協助器材並進行錄音。第三次則是正式簡報前的事前演練，做最後的確認。

請大家幫忙檢視簡報前的事前演練

若是確定要冒險比其他公司更優先推出這款商品的話，就必須要徹底一舉提高知名度。因此，這次的簡報內容是進行公開募集商品命名，同時這也是在業界首次利用的活動宣傳方式。

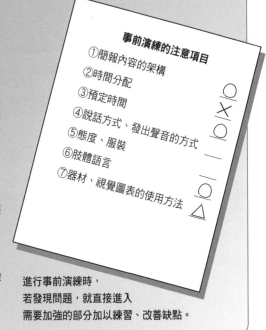

步驟一
坐在位置上過目原稿的內容後，把簡報內容必須主張的重點朗讀出來，這個時候挑出不符合邏輯或是產生矛盾的地方並加以解決。

▼

步驟二
拿著簡報的原稿和圖表，並實際利用幻燈片或OHP投影機獨自進行練習。此時，先用錄音設備錄下聲音，檢查時便可一邊聽錄音一邊修正需要改善的圖表內容。

▼

步驟三
以正式簡報同樣的形式進行一次事前演練。請上司、同事或部下幫忙檢視，並提出需要修正的地方。

▼

步驟四
請某人負責幫忙控制時間，在演練的過程中，逐一針對每個步驟進行正確的計時。

事前演練的注意項目
①簡報內容的架構
②時間分配
③預定時間
④說話方式、發出聲音的方式
⑤態度、服裝
⑥肢體語言
⑦器材、視覺圖表的使用方法

進行事前演練時，
若發現問題，就直接進入
需要加強的部分加以練習、改善缺點。

基本 私下協商的效果和順序

私底下取得重要人物的了解	在會議前降低參加者間擁有的資訊程度差異

① 贊成者進行事前的私下協商，提高認同度使之成為強力的支持者。

② 對中立者進行事前的私下協商，尋求理解，轉為贊成的一方。

③ 對反對者進行事前的私下協商，預先告知自己的簡報內容概要，以防止於會議或簡報現場突如其來的情緒化反應。

④ 對上司也必須進行事前的私下協商，不僅要先取得支持，獲得上司的意見可以讓自己的主張更加完善。

進行簡報前的私下協商順序。

答案

首先是確保贊成者，並尋求中立者的支持，然後試圖抑制反對者情緒性的對立。

製作簡報資料的同時，「私下協商」的進行，也是非常重要的事前準備工作。

這是私底下取得關鍵人物的了解，以及於會議前讓參加者之間能夠共有資訊的重要過程。

私下協商的作法，首先必須分出贊成者和反對者；接著取得贊成者、中立者的支持。最後，嘗試說服反對者，這才是正確的步驟。

前往其他企業進行的簡報，則必須掌握對方公司的決議過程順序和關鍵人物。因為應該向誰進行私下協商，足以影響簡報成功與否。

由此可知，平日的人際關係以及資訊蒐集是非常重要的工作。

準備好了嗎？還有五天就要決勝負了！

要通過這個企劃，必須取得G公司銷售部門決議者過半數的支持。

現在，五位課長中已經取得三位的支持，另外還不確定誰才是握有決議權的關鍵人物。

調查找出G公司到底誰是對決議具有影響的人，我去私下進行交涉看看。

大家也請加油！

技巧性的私下協商也會左右到公司的盛衰。

 ## 不讓對方說NO的私下協商技巧

在簡報時對於帶頭反對者進行私下協商，重點在於不要當場要求對方作出判斷。從與對方交談後所得到的資訊為基礎來對簡報進行改善。若是棘手的對象提出反對方案，藉此找出對方的本意，也是有效的方式。若是能提出融入對方真正含意的修正案，對方也就不得不屈服了。另外，利用人際關係，請第三者幫忙進行私下協商也是有效的方法。讓有影響力的人物去勸服反對者，通常都可以獲得解決。

到底是誰在反對呢？……

推測出關鍵人物也是相當不容易的事情。

標籤紙、白紙的有效活用

所謂的會議，一般而言通常都是指由某人進行發言，然後全體參加者用心聆聽的形式。如果說會議的氣氛是非常自由的，所指的不過就是發言的內容不受限制罷了。

但是，在噴墨印表機業界的大廠佳能（Canon），會議中不但沒有特定發言者，也沒有特定的聽眾，所有人都可以自由進行對談，是一種可以具體看見效果的會議方式。該公司在檢討有關開發現場的改革會議中，利用白紙和標籤紙，在如何讓進度狀況能夠一目了然方面，的確下了一番工夫。

開發新商品的設計部門，每週一次為了日程計畫，設計部門的全體員工會聚集到會議室，按照職責別，分坐於各個所屬不同的桌別。在各組組長宣布該次會議目標後，各組開始分別進行意見交換。

桌上準備標籤紙和白紙，雖說是會議，但看起來更像忙碌的勞動。這樣才是、那樣才對，一邊進行討論、一邊將課題一個個寫在標籤紙上，依據時間順序逐一貼在白紙上。被貼上標籤紙的白紙儼然成了議事紀錄、日程計畫。按照標籤紙的黏貼狀態，工作的集中部分或者延遲的部分等，都能夠一目了然。接著，開始進行討論，並移動標籤紙的位置做出適當的調整。當事者就會自動意識到自己所屬的工作內容，同時也會互相注意到其他人的工作量，進而平均分擔工作。熱烈討論時會不自覺站起來，或是為了進行和其他組之間的調整而來回走動，這些都是自由的。

三小時後，各組進行成果發表之後結束會議。沒有任何一個人是只聽其他人發言就結束會議的。全體人員都是當事人，也都是發言者。在實際開發現場的當事人都能夠掌握整體狀況並擬定計畫，這就是發揮最大效率的決定因素。另外，還能看到彼此的工作及個人的貢獻，其實這也間接提升了社員的工作能力。

STEP 3

說服的方法

簡報中要說服聽眾時，什麼樣的技巧才有效？

終於要進行我的第一次簡報

到了

說服的實踐技巧

　　終於來到首次簡報當天。

　　如何將在STEP2中所努力準備的成果充分發揮，並且順利說服對手是非常重要的。藉由臨機應變的說話技巧，透過精巧準確地使用OA機器設備，將整個簡報過程順利引導至結論的尾聲。

　　在STEP3中，將針對如何技巧性操作對手心理的說話技術，以及OHP投影機、PowerPoint等有助於簡報的各種工具的使用方法等等，傳授在實際操作時能有所幫助的技巧。

STEP2 的重點 －簡報的技術－

1 什麼手勢比較能夠展現效果？

答　案

運用手勢或肢體動作來補足語言表達，藉以提升說服力。

基本　站立的位置與眼神接觸

站在角落會給人消極的印象。

站在聽眾的前面中間位置，將雙腳打開至比肩膀稍微窄的寬度，平均分散體重。

▼

放輕鬆呼吸，讓聲音可以更自然而宏亮。

簡報者

①②③④⑤⑥

不要將視線只集中在同一個人身上，應成Z字形移動視線。選定關鍵人物或是善於給予回應、點頭的人為固定點，在重要的時刻適時與對方視線接觸，讓氣氛更加凝聚。

在簡報時，肢體動作有助於說服的進行。

簡報者以輕鬆的態度站在聽眾的正中央前方，然後依照簡報所需來變換位置。站定不動，或是不停來回走動都是不正確的。

另外，站立不動時，將體重只集中在單腳上，會讓人有不好的印象。將體重平均放於兩腳，並偶爾前後移動是最理想的方式。

在強調重點部分時，可以運用手勢或是肢體動作。利用手的上下動作來表現數目的大小等，加上補充說明則更淺顯易懂。但要注意，肢體動作若是太大、速度太快，或太過單調，都會讓聽眾感到厭倦。不要覺得丟臉而畏畏縮縮，盡量放大膽做出動作。

實踐 簡報時的禁忌動作

配合說話內容做出適當的手勢，藉由肢體動作彌補語言表達的不足。

不可將手放在前方或後方的口袋裡。

不可以做出交叉手臂等，焦躁不安或是無意義的動作。

站的時候體重不要只集中在單腳上。

留意保持動作的機動性而不死板，手指要確實伸直。手勢至少停留二、三秒。

不要焦躁不安地來回走動，只需偶爾前後左右移動位置。

 (秘) 破解對手警戒心的手勢

在簡報開始進行時，一般的情況，聽眾都事先抱有警戒的態度。為了破解警戒心，可以活用「映射」（Mirroring）這個方法。所謂「映射」是指模仿對方的姿勢或動作的一種手法。也就是說，一旦自己的動作被對方模仿，就表示對對方抱持好感。藉此能使對手解除警戒心。另外，也有一種相反的「互補性」的手法。假設對方出現強硬態度時，我方則以溫和態度對應，這是一種採取與對方相反動作的技術。

相同的動作能夠產生親切感。

61

如何有效使用投影機？

運用遮蓋及覆蓋的技巧，提高聽眾的理解。

答　案

基本　視覺道具的優點與缺點

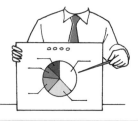

解說板（Flip Chart）

優點：發揮輔助企劃書的功用。
缺點：單調的圖表較不具吸引力。
備註：向聽眾強調重點時使用。

投影片（Slide）

優點：圖像畫面鮮明易見。
缺點：必須讓屋內變暗，因此難以分
　　　辨聽眾的反應，聽眾也很難做
　　　筆記。
備註：需要花工夫讓聽眾不厭煩。

白板（Board）

優點：在視覺上是容易明白內容的。
缺點：邊寫邊說明容易讓聽眾感到不耐
　　　煩。
備註：全部寫完之後再轉向聽眾開始進
　　　行說明。

錄放影機（VTR）

優點：適合運用於細微表現等視覺上理解
　　　的部分。
缺點：畫面過小，影像不夠鮮明。想要表
　　　達的資料在瞬間中就流逝。
備註：不要連續放映，在進行中稍微暫停
　　　並加入解說。

運用解說板、OHP投影機、投影片、影片等，讓簡報時可以對聽眾同時運用視覺與聽覺方式進行訴求。其中投影機更具有能夠直接面向聽眾進行說明的優點，也能夠呈現不同顏色，是不需要花大筆費用，且非常受歡迎的道具。

在螢幕上顯示出透明膠片上的內容，活用的技巧包括可以將不需要的資訊遮蓋起來，讓聽眾只看到必要資訊的遮蓋方法，以及將透明膠片重疊放上追加資訊的覆蓋方法。

唯一的缺點是沒有聲音。若是有關於商品的使用方法，要以結合動作和聲音的視覺效果為訴求的話，VTR是最合適的道具。

● 配置與準備 ●

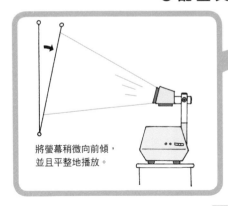

將螢幕稍微向前傾，並且平整地播放。

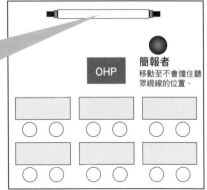

OHP

簡報者
移動至不會擋住聽眾視線的位置。

O K 投影機的準備工作完成了

對了 應該要活用投影機的特性 稍微加一些技巧試試看

● 投影機的技巧 ●

投影機的技巧②	投影機的技巧①
覆蓋	**遮蓋**

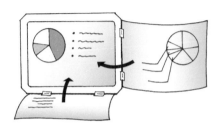

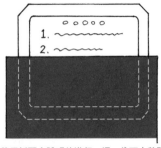

將二至三張的描圖紙重疊，逐漸添加新資料上去。使用清楚而大的字體，不要讓資料顯得擁擠。

將遮蓋用紙配合說明的進行，逐一往下方移開。這樣能夠讓聽眾的意識集中在簡報者的身上，而不會去看到與說明不相干的部分。

3 如何使用PowerPoint製作圖表？

基本 PowerPoint的技術提升階段

❶利用大綱精靈製作

→由於能夠簡單完成，完全不需要練習。而且也可以完成多頁數的資料簡報。

❷擬出資料內容編排的草稿後，選擇合適的簡報設計範本，依照自己的想法選取版面配置與配色。

隨著自己技術的進步
再逐漸提高難易度

❸不套用範本，自行思考配色及設計的製作方式

→因為全部是自行設計完成，所以非常花費時間。假設不是非得全部依照自己完成的內容呈現，最好避免利用這個方法。

答　案

以手寫資料內容編排的草稿為基礎，選擇合適的簡報設計範本加以製作完成。

現在的簡報，幾乎普遍都是利用PowerPoint製作完成的圖表。

因為使用PowerPoint製作完成的資料，不僅看起來較亮眼，而且更能提高說服力。

藉由PowerPoint製成圖表的順序依序是，先在草稿中決定版面編排並寫上文字，之後再輸入電腦。利用簡報設計範本、版面配置以及配色等互相搭配組合，習慣使用這套軟體後再選擇自行配色及設計的方式。但是，最恰當的安排是一張頁面中，放入的圖表最好不要多於三項。

背景顏色選擇協調性較佳的藍紫色，而圖形中表示競爭對手企業的部分則建議使用乏味枯燥的灰色。

實踐 使用PowerPoint的製圖技巧

進入PowerPoint作業前,先進行草稿的設計!
‧決定大概的版面編排設計。
‧考慮圖表的型態。

使用PowerPoint製作資料,先以草稿進行思考版面的編排設計,加入文字之後再輸入電腦完成最後版本,若能掌握這樣的作業順序是最理想的方式。

圖表製作!
‧從簡報設計範本中選出自己想要利用的模式,搜尋適當的設計並決定編排設計配色等。
‧一張投影片中,編排的要素不要超過三項。

競爭對手企業
使用灰色等暗色調的顏色來表現。

自家公司
使用明亮的顏色,讓它明顯易見。

背景顏色
藍紫色帶給人神祕的印象,可以讓聽眾比較容易認同簡報者。

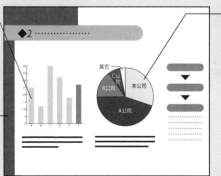

剛開始時或許需要花費不少勞力而覺得辛苦,但是使用PowerPoint的簡報方式是現在的主流。必須要精通熟練、駕輕就熟。

基本 成功的說服方式和失敗的說服方式

說服聽眾的技巧。

失敗的說服方式

成功的說服方式

二倍的
處理速度

液晶畫面

大畫面

處理快速，能增進工
作效率

只針對商品或企劃的特徵
或性能進行說明。

讓聽眾可以描繪想像出購
入該商品後，或是採用該
企劃後的情形

讓聽眾自行思考，
促使聽眾自己做下決定。

答 案

比說明商品更重要的是，要讓聽眾能
夠想像自己就像正在使用該商品一
樣。

在簡報中為了說服聽眾，必須
善用各式各樣的說話技巧。其中
之一是想像法。讓聽眾本身能夠
想像使用該商品後的良好結果，
進而接納該商品的手法。

還有技巧性誘導對方的手
法，這種說話技術稱為「框架
（framing）」，例如「市場上既
有商品是十萬，但我們公司的價
格為五萬」，設定有利於我方的
比較手法。另外，故意提出會被
拒絕的無理要求後，再提出真正
原本的目的，稱為「漫天要價法
（Door In The Face）」。

還有，利用較好的條件使對
方承諾之後，再提出真正目的條
件替換掉原方案的「低飛球技巧
（Low Ball Technique）」手法。

Ⅰ.**框架**……配合自己的最理想狀態,巧妙做出架構以操作聽眾思考的技巧。

21吋液晶畫面的電視,再怎麼便宜也要花費20萬日圓呢!尤其是○○公司的產品甚至需要40萬日圓。但是,這次本公司所要提供的產品只需要花費10萬日圓!

→一開始先灌輸聽眾普遍市場價格約為20萬日圓的觀念,將聽眾的價格意識設定在一個既定的框架裡。

Ⅱ.**漫天要價法**……在一開始先提出超過對方所能承擔的要求,之後再改以提出較小的要求。這就是利用對方因為拒絕過一次就難以再拒絕第二次的心理技巧。

部長,有關這次休長假的事情,我想要在黃金週之前或之後加上一星期的休假,總共連續休假二星期,不知是否可行?

(在被拒絕之後)那麼,只休黃金週當中的平日呢?連續七天的假期,不知道可不可行?

→提出絕對不可能實現的連續二個星期的休假要求,被拒絕之後再提出真正的意見。

Ⅲ.**低飛球技巧**……一開始先以能夠被輕易接受的條件使之承諾,然後更換條件以達成目的。

這個商品要不要試用三個月看看?

(在對方答應之後)三個月都不收費的話,成本有點高。三個月收五千日圓如何?

→雖然可以藉由小要求達到真正的目的,但對於持續性的商業行為,會因此喪失信用,所以並不建議這個方式。

是否可以大量使用專業用語呢？

基本　古代的聖人也使用譬喻說明

耶穌

有一位瀕死的猶太人，包括猶太人祭司或在猶太神殿上侍奉的人經過他身邊都不願意停下腳步，因為害怕有所關聯而假裝沒看到。之後一位撒馬利亞人（與猶太人之間有互相憎恨情結的民族）經過，他照顧了那位瀕死的猶太人並將他安置於旅館。

那麼，最終能夠成為瀕死猶太人朋友的，會是誰呢？
↓
所謂朋友是超越民族的藩籬，與距離毫無關係，為了他人抱持著憐憫心並付諸行動而存在的人。

有一次，一位被不知從哪裡飛來的毒箭所射中的人，他堅持要知道射出該毒箭人的名字、年齡、來歷，以及箭和毒的材質、材料後，才願意把毒箭拔出，最後終於毒發身亡。
↓
努力想要知道死後的世界，卻對於在現世必須修行的功課不夠用心而方便行事，最後什麼都得不到。

釋迦牟尼

連耶穌或釋迦牟尼也會運用譬喻來讓難懂的教誨能夠簡單被理解！

答　案

難以理解的用詞，最好替換成較平易近人的語言，並使用適當的譬喻加以說明。

簡報中使用過多的英文縮寫或專業用語是禁忌，使用過多標語的說明也很難讓聽眾理解。聽眾無法理解這些詞彙時，就會立即對簡報失去興趣。

首先，對於難以理解的用語，必須進行解說或是換個方式做說明，例如「這個就是○○的意思」。另外，若能加上具體實例或是譬喻就更容易理解。將過度充斥的資訊比喻成有如無法移動身驅的客滿電車等，運用身邊的事物或自己的經驗談是最好的。如此能讓聽眾更有真實感，也更容易有同感。

關於題材，則是從平常開始就要擴展自己關心的範圍，並事先進行資料的蒐集。

本公司推出超大型液晶電視「大王」，和市場既有商品有很大的差異，符合本公司的理想與信守承諾的經營理念……，是無形中可以讓人感覺更具身分地位的商品。

由本公司自行研究開發，新型的背光金屬台更加節省成本，成功地實現了利用畫面處理LSI以及液晶組件的新型樣式，使畫面更加鮮明。

那個笨蛋，到底在做什麼！又不是在進行選舉的演講。

完全就是緊張過度的脫軌表現

・在簡報時必須事先掌握聽眾的知識水準，補充說明專業用語或是略語。
・利用舉例說明讓演說更加有深度。

本公司這次要推薦給各位的是，三十吋大畫面的大型液晶電視「大王」，這是和以前完全不同的創新商品，是遵從本公司愛惜地球環境的理想，以及符合本公司信守承諾的經營理念、遵守法令的理念……

藉由本公司獨家開發的改良零件，因此能夠實現以更低的價格提供給各位。就好比是一輛保護地球環境、低價格複合動力高效能車款……

很好、很好！是一場很受歡迎的演說。

確認聽眾理解度的方法。

截至目前為止的說明，不知道各位有沒有任何的疑問或是要提出問題的？

● 一旦有不清楚的部分，進行到下一個階段時，聽眾的理解度會愈來愈低。

● 解除疑問點後，聽眾才能比較安心。

▼

可於簡報中段落分明的地方，詢問聽眾是否有問題要提出。

答 案

在適當的段落處設定提問時間，藉以解除聽眾的疑問。

由聽眾參與決議部分

詢問是否有意見，這對提出問題的聽眾而言，會促使他們有參加決議的使命感，因此很容易在最後關鍵的決策階段成為贊同的一方。

簡報當中，想要知道聽眾是否完全理解簡報內容，其實是很困難的一件事情。因此，可以在簡報的各個段落處，試著設定聽眾可以提出疑問的時間。

聽眾在簡報進行中，常常會感到不安或是充滿疑問。簡報者若能在當下就解決這些問題，相信比起讓聽眾抱持著部分的不理解繼續聽講下去，如此才能夠讓聽眾得到更有效的理解。

再者，提問時間是能夠讓聽眾更參與該簡報的一股力量。藉由提出意見、釐清疑問，聽眾對於參與決策的意識及意願就會更加強烈。

實踐 提問時間的插入方法

提問時間①

簡報①

在簡報中①聽眾所產生的疑問獲得解除

提問時間②

簡報②

理解度UP！

在簡報中②聽眾所產生的疑問獲得解除

簡報③

簡報後的質詢與應答

理解度UP！

聽完全部簡報內容後，聽眾所產生的疑問獲得解除

在各個不同段落對於簡報內容所產生的疑問都被逐一解除，因此更有助於對整體內容的理解力，並且有助於提高說服力。

對於容易緊張害羞的人，提供實用型的消除緊張技巧

為了不在實際進行簡報時緊張，首先，請緩慢地深呼吸，然後對自己自我暗示現在是處於放鬆狀態。

接下來不要使用平時沒有習慣利用的引用詞彙，盡量使用自己習慣的詞彙進行說明。只要是用經常使用的詞彙進行說明，就不至於臨時因為詞彙的選擇而產生混亂。

一旦偏離主題，而發生無法收拾的狀況時，修正路線，可以利用「回到剛剛的話題」或是「總而言之，就是說……」這些說法，讓話題接回到主題上。

腦子一片空白時，並不適合進行說服。

針對預料之外的問題
該如何回答呢？

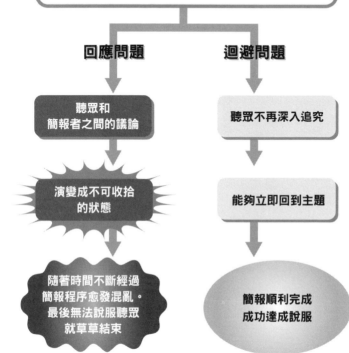

聽眾突如其來的反向言論

「沒有辦法想像這樣的情況。」
「能不能提供更具體的資料呢？」

回應問題

聽眾和
簡報者之間的議論

演變成不可收拾
的狀態

隨著時間不斷經過
簡報程序愈發混亂。
最後無法說服聽眾
就草草結束

迴避問題

聽眾不再深入追究

能夠立即回到主題

簡報順利完成
成功達成說服

答　案

只能加深聽眾理解度的問題，略過與
簡報本質無關的問題也沒關係。

簡報中最令人感到慌亂的應該
是在話題進行中，聽眾突然提出
預料之外的提問。

此時，反射動作採取對立的姿
態加以應對是絕對禁止的。先深
呼吸一口氣，盡量讓自己能有緩
和鎮靜的空間。接下來，判斷問
題若是對聽眾的理解度有幫助，
則做出回答，若是和主題無關的
質詢，則可以說「非常具有參考
價值」簡單地帶過。

另外，被問到不具知識水準的
問題時，例如被問到完全不相關
的「高級外國車的現狀」這類的
問題時，則以「和高級外國車相
比，日本車的性能是……」等關
鍵字作為承接點，導引到自己擅
長的領域。

●被問及與簡報內容本質毫無關係的質詢卻無法迴避的狀況時

對策❶ 利用關鍵字作為轉接點，只回答自己擅長的領域。

前些時候閱讀了一本以織田信長為主題的經營策略相關書籍……。

聽眾

織田信長是設置樂市樂座使得商人文化繁榮成功的人物。受此影響的豐臣秀吉才能夠打造現代大阪的基礎，利用懷舊的商業手法而業績成長的公司……。

簡報者

讓話題朝自己擅長的領域發展，繼續掌握對話的主導權。

對策❷ 搶先將對方所提的內容再變成問題丟回去。

前些時候閱讀了一本以織田信長為主題的經營策略相關書籍……。

聽眾

原來如此，是關於經營策略。那麼身為領導者的織田信長、豐臣秀吉、德川家康又是怎樣思考呢？

簡報者

掌握對話的主導權，並且藉由誘導對方的方式，簡報者必須在不使聽眾感到自己知識不足的狀態下結束對話。

8

如何說服利害關係對立的聽眾？

答案

先決條件在於釐清造成對立問題的真正原因。

基本 與說服對象之間的對立原因

造成與說服對象對立的二種原因

↓

我要把這件事告訴所有的人！！

我是不會被騙的！！你果真就跟謠傳中一樣，是公司的馬屁精、哈巴狗！！

藉由讓對方徹底發洩來找出對立的原因。

情緒性的對立

對立的原因來自情緒性問題，並非來自對方有任何特別的要求

・對方只是單純的在氣頭上
・就是不喜歡簡報者

牽涉利害關係的對立

非情緒性問題，通常是來自對方某些要求而產生的對立

・部屬間的利害關係所產生的對立
・因為接受說服而產生損害

與利害關係對立的對手交涉時，必須從了解對方開始。首先是讓對方徹底說出內心真正的聲音，釐清到底是情緒性的對立，或是牽涉到要求而產生的對立。

若是情緒性的糾結，或對方只是單純在生氣，這時不需要說出任何具保證的言語，而改以訴諸對方情緒的形式來表示歉意。

若是伴隨要求所產生的利害關係之對立，我方也必須做出策略性的思考。重點就是增加與對手具相同立場的人。

也就是說，增加對方的競爭對手。提供其他部門或其他公司中與自己抱持一樣立場的事實，將對方逼向不得不競爭的狀況中。

實踐 解除對立的方法

情緒性的對立

誠心誠意表示道歉

做出非常誇張的道歉，讓對方的情緒平靜下來。若能分別道歉，就不會發展成必須進行訴訟等層面的實質危害產生。

牽涉利害關係的對立

增加與對手具相同立場的人

例如，想要推銷某個企劃案時，調查其他公司的動向，若發現與自己企劃案相似的企劃時，將此訊息告知交涉的對手。交涉對手被迫加入我方和其他公司之間的競爭關係，這便成為對手接受說服的基礎。

將雙方引導至雙贏的關係，來打動對方。

分析交涉對象的SSP（Social Style Profile）

為了排除無意義的人際對立關係，利用「社交型態量表（SSP）」來作為分析與他人相處關係的一項工具。其中將人類依照言行舉止大略分成4種類型。在SSP中將人類分為「理論派」、「現實派」、「友好派」，以及「社交派」，並區分各種類型的特徵。若能理解SSP表中各種類型的特徵，就能夠更容易說服對方，而不至於發生待人處事關係上的摩擦及爭執。

雖然通過司法考試，但是在還是考實習生的時候，因為一次酒醉鬥毆傷害事件而斷送了成為律師的道路⋯⋯

哈哈哈哈真是不得了的大事情

說不定能因此而發現交涉對方的真性情!?

9

具震撼性的資料應該在哪個地方提出？

不感興趣資料的提示方式

這個商品賣得很好。

聽眾無法掌握具體的印象，只能靠著含糊的資料繼續聽說明。

失敗

感興趣資料的提示方式

這項商品從去年四月份開始銷售至今，創造了約六萬台的銷售紀錄。

提出數據讓聽眾能夠具體了解，也能夠因此提高說服力。

成功

答案

聽眾對簡報很有興趣時，可以在最後再提出；若興趣缺缺時，則是在一開始就提出。

資料是補充說明最有力的工具之一。透過使用的方法或呈現的方式，會帶來截然不同的效果。

首先，在簡報當中通常會使用數字來提高真實性，但是要注意在表現方式上下一些工夫。重點在於提出比較性的資料，或像是「東京鐵塔的二倍高度」等，將數字印象化的描述。

另外，在使用方法上，比起一千萬五百二十一日圓，倒不如以一千萬日圓的形式將尾數去掉，以四位數的整數方式，聽眾會更清楚易懂。零碎的數字並沒有意義。

資料的提出順序也非常重要。聽眾較沒興趣的簡報，可以將結論或具有震撼性的資料，一開始

故意呈現不好的數字。

數字的呈現只到四位數為止。

在歐美的銷售台數和
希望購買者的預估值

	2004年	2005年	2006年
希望購買者	8萬	7萬	6萬
市場流通台數	7萬	6.5萬	4萬

潛在性購買者確實存在。

商品A的實際銷售台數

其他

C公司
10萬台

B公司
20萬台

本公司
62萬台

● 在日本市場流通的
商品A，超過半數
是本公司的商品。

理論根據薄弱的資料，
可以多次重複提出，提
高數據的可信度。

製作有利於我方的解釋圖
表，誘導聽眾至自己企圖
說服的方向。

就先提出以吸引對方。

相反的，較有興趣的簡報，則
可經由循序漸進的事實說明，在
最後提出結論即可，因此在最後
再提出該資料也無妨。

但是，必須注意資料的選擇。
外國或是老舊的資料等，基於區
域性或時代間隔太久，都會使信
賴度降低。應該盡可能尋找身邊
容易取得的資料。

一旦發生只能準備理論根據相
對薄弱的資料時，則利用重複提
出，如此可以加深聽眾的記憶。

當然，不變的原則就是必須做出
有利於我方的呈現方式。

10

應該如何強調理論依據？

即將進入主題時⋯⋯

在此時應該立即發出讓聽眾知道是重點所在的語詞！

從這個部分開始進入主題

今後的企業不是一味追求利益，將所獲得的利益回饋給社會，是企業所被賦予的社會責任。

例如，文化村或是設置交換留學生獎金等，或是提供東南亞國家一些設施，從事這類的公共活動。

只要一句話就有可能可以吸引到聽眾的注意。

答 案

當內容說明接近重點時，就應該即刻將主旨表明清楚。

即便是感興趣的話題，數十分鐘一直要集中精神聽別人說話，其實也很辛苦。因此演講者聲音如何產生抑揚頓挫的變化，是需要下一番工夫的。特別是有關聽眾利益的部分，更要確實強調。

在強調聽眾的利益或其根據來源等部分時，使用「現在開始進入主題」等吸引注意的言語是非常重要的。或是「現在開始要說明的三件事情」，提出數字的說法，也是非常有效的。

另外，變換聲音的大小或是音調也是方法之一。利用聲音的變大或變小，甚至是突然間的沉默，這些都是吸引對方注意的技巧。

想要受到聽眾注意時

- ·敘述對方利益時
- ·想要受到注意時
- ·敘述理論依據時
- ·敘述結論時

●集中聽眾注意力的用語●

那麼，接下來進入最後的總整理
（提高說話的音量）

接下來開始進入主題……

現在開始要說明三個重要項目

接著，只在這裡跟大家做分享
（降低說話的音量）

將對方的意識集中往自己身上的手勢

　　想要讓視線總會落在手邊資料的一些聽眾，將其注意力轉移到簡報者身上。這個時候就可以使用一種稱為「power lift」的方法。

　　就是使用原子筆或手指等，將聽眾的視線誘導到簡報者身上的技巧。

　　power lift就如同學校的老師使用粉筆來吸引學生注意，簡報並非只是提供資料，如何讓聽眾獲得理解，簡報者這部分的表現也是非常重要的。

利用大聲說話來吸引注意並不是太聰明的方法。

什麼樣的態度會令人討厭？

這次接受任命擔任九州地區的銷售負責人一職。

本人鳴瀨直到日前都還是以福岡ＨＳＣ的身分與各位共事，現在以新身分和大家招呼致意。總之，面對這個新任務，還是覺得很不適應，本人一定全力以赴，請各位多多指教。

氣勢十足的態度能夠獲得大家的同感。

特別是簡報的場合，很多都是初次見面的情形。若在最初的4分鐘內給對方不好的印象，就無法輕易挽回了。而這種印象會在之後持續造成影響，因此務必在一開始的階段，就要給予對方良好的印象！

答案

消極而負面的發言內容，以及強迫而傲慢的態度都是令人討厭的。

據說人類通常是在最初的四分鐘內對於對方做出判斷。為了防止在第一印象時就被討厭，必須注意以下各點。

首先，不要給人沒自信的印象，用明朗而宏亮的聲音說話。但是，必須控制過度推銷自己公司等強迫式態度。

但是，單方面說明或是自我陶醉的說話方式都是不好的。偶爾聽取對方的提問，或觀察一下聽眾是否顯得不耐煩。

對競爭企業或聽眾口出惡言更是不可以。面對理所當然的疑問，也絕不可以輕視聽眾或是不予理會。否定性的言行舉止也會被討厭。必須注意避免令人沮喪的話題，應該使用積極性的發言。

實踐 這樣的簡報者是不受歡迎的

①沒有自信的態度
▼
避免搔頭或是做出貶低自己的發言，清楚而明亮的聲音，抬頭挺胸地發言。

②以強迫式態度說話
▼
要避免強迫性推銷的言語，以謙虛的態度發表言論。

③說某人的壞話
▼
不涉及其他公司的商品或缺點等話題，即便是競爭對手也必須尊重。

④貶低聽眾
▼
不可以藐視或看不起聽眾。對方提問時不可以表現出嘲諷的笑容。

⑤無視聽眾的存在
▼
不要在中途打斷聽眾的提問，對於突發的提問也不應該不予理會，無論是怎樣的內容都要全部聽完。

⑥否定性發言
▼
避免「我很不擅長說話……」等否定性發言，自始至終都要使用積極性的言論。

⑦令人沮喪的話題或舉例
▼
悲慘的災害、殺人事件等負面性話題，會讓場面氣氛變得低落而沮喪，因此要避免這類話題。舉例說明時，盡量選擇開朗性言論。

⑧假裝知道的樣子
▼
沒有自信的資料卻假裝知道並提供給聽眾。當被對方質詢時，很容易因此詞窮回答不出來。

⑨單方面的進行說明
▼
避免一個人的獨腳戲，隨時注意聽眾的動作或行為舉止。

⑩自我陶醉的說話方式
▼
避免連續性抱怨的話語或是一些陳腔濫調，而要以平時正常的口吻說話。

如何解讀聽眾的心理？

基本 點頭表示的聽眾心理

●點頭的意義

同意	聽眾和簡報者持相同的看法
積極的贊成	聽眾支持簡報者的意見
接受	聽眾同意簡報者的說服方式並決定願意採取相同行為
理解	聽眾理解並回應簡報者說話的內容

基本上，點頭代表肯定的意思，
但另一方面也有可能代表相反的意思。

沒有點頭

・抱持著否定的意見
・有保留判斷的意思
・陷入沉思之中

連續三次點頭

不合時間點的點頭代表著對於話題沒有興趣的意思，這種點頭是在發送拒絕、否定的訊息。

確實辨認點頭的方式，
一邊理解聽眾的心理並同時進行簡報。

答 案

聽眾的心理會表現在行為舉止上。可以從點頭或下意識的動作中來判讀。

簡報必須要一邊觀察聽眾的心理一邊臨機應變。

聽眾的心理會自然表現在行為上。若多數人都點頭，就表示持相同的想法。但是，很多時候聽眾不見得會有點頭的動作，這時就要觀察主要關鍵人物的反應。

相反的，連續三次以上的點頭則代表否定的意思，就如同「是、是、是」草率回答一樣。其他像是毫無意義喝了好幾次的茶、摸衣服，或是開始坐立難安的移動身體時，這些也都是呈現出否定或是拒絕的意思。

這時必須彈性以對，最重要的是不可忘記考慮對方利益的心態。即便是競爭對手，也絕對嚴禁因此而做出貶低自己的舉動。

在簡報進行中開始做其他的事情

環顧四周等，變得相當煩躁不安，對於簡報內容開始出現不耐煩的樣子。

從椅子上抬起屁股

是具有強烈拒絕含意的動作。

清喉嚨

刻意清喉嚨是代表否定簡報內容，或是表示對內容有所反對的意思。

交叉雙臂抱胸

對於簡報者沒有好感的表現。

將手伸向茶或咖啡的方向

當被提到尷尬事情時的行為舉止。

離席

表示乏味或是否定的強烈動作。

對於這樣的動作……

GOOD CASE

考慮這樣的簡報內容是否對於顧客能有所幫助，一旦判斷若轉變態度只是為了迎合顧客，但對顧客並無實質幫助的話，此時不必將自己態度轉為太過卑下，繼續進行簡報即可。

▼

顧客雖然會感到不愉快，但隨著簡報的進行逐漸了解到結果是對自己有利的，最後也因此會得到滿足。

BAD CASE

只要求簡報能夠順利成功，為了迎合聽眾的態度而刪去被拒絕的內容，將簡報轉向一味順從的方式進行。

▼

會讓顧客認為自己對簡報沒有自信，而變成品質很差的簡報。

基本 質詢與應答時，聽眾的問題類型

❶贊成的發問

我非常贊成○○先生的簡報。希望能夠立即付諸實行，不知道什麼時候能夠開始執行呢？

▼

對於簡報內容給予贊同時的發問

❷普通的發問

對不起，想要再麻煩您一下，可不可以再出示一次剛才提示有關市場占有率的解說板呢？

▼

單純只是因為漏聽了內容，對於疑問點等所做出的發問

❸反對、否定的發問

雖然了解簡報的內容，但是我認為並不合乎實際。對於今後市場變化的預測是不是稍微太過於樂觀呢？

▼

對於簡報內容包含反對意思的發問

對於問題質詢能夠順利應答處理的要點為何？

答案 預先設想可能的提問內容，對於問題的解答事先準備說服力強的結論。

簡報結束後，隨即進入到質詢與應答的階段。這個時候，若能在事前就先準備好預設問題及答案，相信就比較容易應對。

接受提問時，要確實做到請提問者舉手發言。若不採用舉手的方式，而是接受對話形式的提問方式，如此很容易忽略到其他的參加者而拖長了時間。

在回答問題前必須先重複敘述一次提問內容，並且可以將「人數不足」等否定性質的質問轉換成「剛剛有提到必須增加人數的這個問題」的肯定性言詞。回答要簡潔有力，將好的提問放在最後並對此發表具震撼性的完美結論以作為簡報的結尾。

實踐 促使質詢與應答能夠成功的順序

STEP1：事先預測可能的提問內容

在演練的階段就預先準備問題預測表，並且在簡報進行中也預先思考可能的提問內容問題。

STEP2：採取舉手才接受質詢的方式

對於聽眾事先提出「有問題的人請舉手發言」。此時，對於沒有舉手而提問者則不給予發問的機會。

STEP3：與提問者眼神接觸

提問者發言時，簡報者和提問者進行眼神接觸。這個時候，不可以打斷問題或是對提問者做出厭惡的表情。

STEP4：先深呼吸後再重複敘述一次提問內容

當提問者發言結束後，務必重複敘述一次問題，讓簡報者及聽眾都能夠確實理解。

STEP5：務必利用強而有力的結論做為簡報的結尾

回答問題的同時也要仔細觀察聽眾的反應。在回答問題時可以再一次闡述自己的主張，並努力說服聽眾。最後，做出立場堅定的簡報結論。

為了誘導對方，是否需要口是心非呢？

善於交涉的人是不需要口是心非的。

原本口是心非是指發言不具一貫性，據說很多日本業務員都是屬於這種類型。但原因多半來自於日本人在和所屬公司之間的關係。因為日本的職務負責人對於交涉的真正目的甚至可能並不了解，另外也不被賦予權限，所以最後的結果常常與當初的發言產生矛盾。

被賦予交涉權限的美國人，和公司的一體感較強烈，也因此可以理直氣壯地進行交涉。

對女性獻殷勤時也不必口是心非。

基本 不慎失言的時候……

該如何處置
不當的失言？

答 案

應該誠心誠意地道歉。
的話語，就
若無法找到適當
的後果！
利用一句有效的話來中和失言所引起

你明明知道我
剛才在電車裡
化妝！

你！
是什麼意思!?

在簡報會議中，
竟然還要受這樣
的氣，真是想都
沒想到。

誠心誠意道歉，或是尋求挽回不當失言的對策。

在簡報場合中，因為不經意的
發言，卻因此造成聽眾不愉快的
感受。此時，最一般的挽回方法
就是順著剛剛的話語，趕快做消
毒的動作。例如「這些不過是一
般論」，或是「因人而異」等說
法，應該可以稍微緩和帶給聽眾
的不愉快感。

當然，這是需要高度技術的，
不要變成過分的辯解，程度拿捏
是一大技巧。

相反的，在初次見面的場合
中，或是覺得很難挽回的時候，
誠心誠意的向對方說「真是非常
抱歉」會比較好。

無論如何，機伶辨別現場氣
氛，隨機應變是非常重要的。

實踐 解決不當失言的方法

發生不當
失言！

最近，電車增加了許多女性專用的車廂，可能是因為沒有男性的注意，而大剌剌地就在電車中化妝的人也隨之增加……

→舉出不適當的例子而傷害到聽眾的自尊！

如此一來，聽眾會對簡報者產生反感或厭惡感

・但是我想，這裡應該沒有這種缺乏基本禮儀的人……
・剛剛我所說的，只是一般論，並不是在說這裡有這樣的人物。

聽眾的反感獲得些許的緩和

話雖如此，挽回失言的對策是一項高超的技術，在仍然不夠熟練的階段時，誠心誠意的道歉是最好的方法。

箱田忠昭先生的「丁賞感關謝」法則

　　箱田忠昭先生提到，要讓對方原諒自己的失言，建立友善坦誠的關係是非常重要的。因此，箱田先生提出「丁賞感關謝法則」。「丁（譯按：日語的「丁寧」，有禮貌的意思）」就是從平常就注意使用有禮貌的說話方式。「賞」是讚賞他人。「感」是感謝。「關」是關心對方。「謝」則是坦白直率的謝罪。平常就很有禮貌，關心並懂得讚賞他人，又能夠率直道歉的人，無論是誰都會對這樣的人有好感，即便不小心有些許的失言，也會因為這些討人喜歡的特質而獲得諒解。

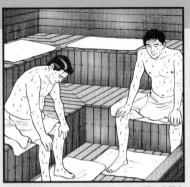

平常培養坦誠相見的深厚交情，可以緩和公司內因不當失言所造成的衝突。

15

結論

從簡報到取得契約的訣竅是什麼？

聽眾當中的決策者，在接受簡報內容或是說服後提出相關的詢問……

抓住提出結論的好時機

答 案

即便得到可以進行結論的示意，也不要焦急，仍然要先消除對方的不安之後再試圖取得契約。

當簡報漸漸進入佳境，便是促使聽眾做出決定的時候。但是在此時不可以過於倉促的追問「是否贊同這個意見呢？」將聽眾導向使其自行判斷的步驟是非常重要的。巧妙的誘導方法，例如可以重複利用像是「如果使用了這項商品……」等假設性話語。

「若是使用這項商品，貴公司的工作將會更有效率。」利用這類的話語讓聽眾想像可能帶來的結果，進而做出決斷。

最後，不要拖拖拉拉的拖長會議時間，或是又提出「剛才的那個部分……」將話題再次重複。可以利用「我想各位應該都已經充分理解了……」等話語的表達作為會議的結束是最適當的。

實踐 成功的結論

當聽眾發出 結束的示意

· 若是現在就簽訂契約，什麼時候可以開始送貨呢？
· 還有其他的顏色嗎？

進入結尾階段

失敗的結尾	成功的結尾

看到可以進行結論的示意，但卻沒有顧慮到顧客的不安就迫切的想要取得契約。

即便出現可以進行結論的示意，仍從容不迫的逐一消除顧客的不安。

焦急地想要強迫 對方取得契約

得到顧客的完全信服 之後進而取得契約

未能達到簽訂契約目標時的應對方法

　　也有可能無法達到簽訂契約的交涉。事實上，失敗時所給予他人的印象也是非常重要的。甚至可以說，在這個時間點上已經開始下一次的交涉。當被對方拒絕之後，就編出一些不合實情的話，有些人甚至會表面假裝親切，但私底下卻到處去說取得契約的競爭對手的壞話，這些行為都只會降低說話者本身的評價而已。應該要明白承認自己能力不足並表達反省的心意，同時也要讚賞競爭對手。誠實的態度將會為下次的交涉帶來好的開端。

即便接到拒絕的電話，也要以正面態度去應對。

如何對簡報進行評價？

謝謝誇獎。

你的簡報進行得很不錯，不僅簡單易懂、口齒清晰，而且表現得很有自信。

簡報結束後，進行整體的反省檢討與評價。

詢問上司或同事的評價，或是進行自我評價，確認表現優異的部分與需要反省檢討的地方。

為了迎接下次的簡報進行訓練

答 案

不僅針對需要反省檢討的部分，也要確認有哪些地方值得讚賞，以便運用在下次的簡報上。

簡報結束後，就要以內容和說話方式這兩個觀點來進行反省和評價。首先，找出表現良好的部分和失敗的地方，讓今後的課題更加明確。最後必須徹底檢查想要傳達的事項是否在簡報的過程中已經確切傳達清楚了。

想要知道評價結果，除了透過問卷調查的結果，也可以向上司等詢問「我覺得這個部分表現得有點失敗……」，以具體的詢問來獲得對方真正的想法。希望好的地方還要更好。

依據以上的檢討步驟，藉由多加訓練來期許再下一次能夠有更好的簡報表現。這時，如果能以心中的理想人物為模仿對象進行訓練，相信會有更好的效果。

簡報評價表

「說話方式」

☐ 1 能夠以讓全體聽眾都能清楚聽到的音量說話嗎？
☐ 2 說話的速度是否適當？
☐ 3 是否有配合簡報內容的重點來調節說話音調的高低？
☐ 4 能夠使用適切的用語敘述表達嗎？

「肢體語言」

☐ 1 姿勢和站立的位置是否適當？
☐ 2 服裝是否合宜？
☐ 3 有做出適當的手勢動作嗎？
☐ 4 表情是否過於僵硬？

「內容」

☐ 1 在限定的時間內是否完成歸納整理？
☐ 2 投影機等機器的使用是否適當？
☐ 3 分發下去的參考資料是否淺顯易懂？
☐ 4 是否確實清楚傳達結論了？

「聽眾的反應」

☐ 1 對於聽眾所質疑的問題是否給予適切的回答？
☐ 2 有沒有感到不耐煩的聽眾？
☐ 3 有沒有想睡覺的聽眾？
☐ 4 聽眾是否充分理解內容？

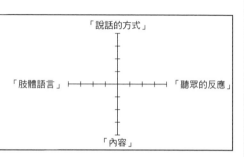

簡報評價圖

將打勾的數目記錄在圖表的各個項目上，如此就能夠明確的清楚得知優點與缺點！

「說話的方式」

「肢體語言」

「聽眾的反應」

「內容」

有效運用腦力激盪

在會議中即便詢問大家「有沒有任何意見呢？」但是現場一片沉默，氣氛始終無法熱絡，相信應該有不少人都有這樣的經驗吧！這個時候，就可以運用不讓會議停滯下來，參與者可以不斷提出意見、讓會議活絡的「腦力激盪」（Brainstorming）（→P122）。

腦力激盪是指提出想法或創意想法互相交換的會議方式。基本上，不批判意見，不斷提出自己的意見和想法。從別人的想法中衍生出新的想法，將這些想法全部寫在大張的紙上。

根據雜誌《PRESIDENT》的報導，有一間製造醋的老字號製造商「mizkan」，這個企業就是巧妙運用腦力激盪法，成功開發了納豆的熱門商品。

以自由參加的方式集合了來自企劃、開發以及技術各個部門約十多人的會議，現場的氣氛比較像是在閒聊。然後開始腦力激盪，一個構思誘發出另一個新的構想，意見一個接一個的湧現。

在如此自由的氣氛中進行，其實有絕大部分是必須仰賴會議促進者的運作手腕。自己以輕鬆的口吻拋出話題促使參加者開始討論，超越上司下屬的關係，營造出能夠隨心所欲地將心裡所想的事情，毫無保留說出來的氣氛。

當意見突然停止時，則轉換觀點另外再提出問題，修正話題的方向或議題，使會議得以繼續進行。例如當話題進入到商品包裝的討論時，就可以指示大家使用桌上預先準備好的紙張和剪刀試著製作出模型等，促使參與者能夠站在顧客的立場發想，不斷將意見持續誘發出來。

像這樣的會議就不會是事先預設好的模式，這個方式最大的特徵就是現場依據大家的意見共同做出決定。因此，個人無法取得的資料或是構想，在這個會議上就可以分享並得到整合。

全體參與者將各自所感受到的事物、獲得的知識以及資料與大家共同分享。因此，構想就可以更加廣闊，進而孕育出不平凡的創意構思。

STEP 4

會議的準備

被指示主持會議時，怎樣的準備工作是必要的？

事實上，在兩個星期後會舉辦由生產部門、營業部門、宣傳部門，以及企劃部門各推派二名成員出席參加的新商品促銷會議，我想要拜託你擔任這個會議的主持人工作。

就麻煩你了。

什麼？

麻煩你了！

會議的成功與否取決於會議主持人，希望你能有充分的準備去面對。

發言能力、說服能力、整合能力……全部都是檢測能力的工作

在商業社會中，會議是不可或缺的運作系統。從只有幾個人的協議乃至於到數百人規模的大型會議，存在許許多多的會議主導者商業情境。

被指示擔任會議進行主導者的你，無論如何必須引導會議朝向目標達成的最終目的。在STEP4章節中，將針對被指示擔任會議主持人時，在會議召開之前應該做些什麼，以及引導會議邁向成功的準備等進行解說。

STEP4 的重點 －會議的準備－

距離開會日
還有五天

基本 會議成功不可或缺的8項重點

目的
- 為什麼要召開會議？
- 主辦者是否能夠掌握現狀和目的？
- 參加者是否能夠掌握現狀和目的？

目標
- 主辦者是否能夠掌握目標？
- 參加者是否能夠掌握目標？

參加者
- 參加者的人數是否適當？
- 參加者是否準備萬全？
- 是否從各單位部門選擇參加者？

內容
- 議題是否有經過適當地篩選？
- 必要的資料是否已經送達各參加者的手上？

時間
- 是否是參加者容易聚集的日期？
- 議題是否符合開會的時機？
- 能控制在二個小時之內結束會議嗎？

場所
- 是否是參加者容易聚集的場所？
- 是否選擇符合參加人數的會議場所？
- 是否是沒有噪音干擾的環境？

方法
- 司儀與會議主持人是否已經決定？
- 會議領導者參與會議的程度為何？

費用
- 會議的所需花費是否控制在預算內？
- 對於臨時的花費支出是否有預先準備？

召開會議時，首先應該要做什麼？

答　案

訂定能夠引導出會議的目的與目標，並以目標達成的過程為議題的會議！

假設被指示擔任某企劃案等的執行並負責會議的進行。此時，當決定召開會議後，首先要確認清楚的就是會議的背景（現在的狀況）、目的，以及目標。明確訂定召開會議的理由，以及能夠從會議當中獲得些什麼。

例如，必須前往客戶的公司進行企劃案提案時，會議的目的就是企劃案的內容檢討，目標則為新企劃的決定。

一旦決定目標，接下來就是思考該依循怎樣的步驟過程做為基礎才能夠達成目標，進而訂定會議議題。就剛剛的例子來說，最終目標是為了決定企劃案，因此就可以將針對企劃的內容進行議論的這個部分設定做為議題。

Ⅲ 議程的發布 ◀ Ⅱ 人、物、金錢、時間的調配 ◀ Ⅰ 會議、內容的決定

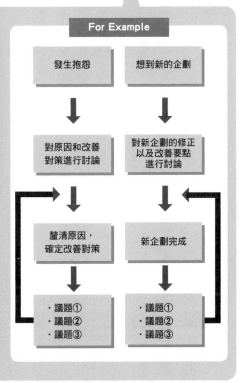

❶考慮背景

・仔細思考現在的公司或部門所處環境，考慮召開會議的必要性。

❷考慮目的

・仔細思量背景因素，一旦確定需要召開會議之後，考慮會議中要做些什麼。

❸考慮目標

・思考在完成目的後所必須獲得的事物。

❹考慮議題

・進行議論之後列舉出目標達成的議題，並事先篩選為三項。

→訂定具體、有行動力，且具建設性的議題。

For Example

發生抱怨 → 對原因和改善對策進行討論 → 釐清原因，確定改善對策 → ・議題① ・議題② ・議題③

想到新的企劃 → 對新企劃的修正以及改善要點進行討論 → 新企劃完成 → ・議題① ・議題② ・議題③

只是，議題必須要精簡篩選為三項。設定透過三個項目的討論，就能夠達成目標。

關於將議題篩選為三的這個部分，可以交由少人數的小組負責，將會議分成兩次進行，並且要下工夫多花一些時間在刪減意見傳達的部分等。

議題決定後，為了避免時間的浪費或混亂，事先製作議題表以期會議能夠圓滿進行。

對於議題的命名也要下一番工夫。控制在二十個字左右，最好是有具體意義，並有建設性、有行動力的字彙。例如相較於「如何消除工作事故的發生？」或「關於避免危險」，不如「任何人都能夠安全工作的系統作業」等議題命名方式，更容易讓參加者了解會議內容。

2 如何預測會議所需花費的時間?

	冗長的會議	簡短的會議
出席者的情況	・出席者人數眾多 ・由多個部門參加者共同出席參與的會議 ・司儀的經驗較淺 ・存在蓄意試圖破壞會議的人 etc.	・出席者人數較少 ・參加者只限於單一的部門內 ・多數人的意見一致 ・已進行過私下協商 ・司儀的經驗豐富 etc.
與主題相關的情況	・有進行討論的必要 ・主辦單位的準備不充分 ・交易條件的差距過大 ・參加者之間存在利害關係為對立的主題 etc.	・只是資訊傳達的會議 ・主辦單位的準備萬全 ・交易條件的差距較少 ・參加者之間存在利害關係為一致的主題 etc.

會議所需時間常會因出席者的狀況、會議的內容不同而有所改變。

由參加者的狀況來計算出所需花費的時間

答案 使用一個人的發言時間 × 次數 × 出席者人數 + 十分鐘預留時間的公式。

一旦會議的目的、目標、議題決定之後,接著就要試著衡量會議進行所需要的時間。時間若能決定,不僅較容易集中參加者,計畫也更容易訂定。

會議所需花費的時間可以利用一個人的發言時間、次數以及出席者數目加以計算求出。

發言時間以一次一分鐘為基準,再加上人數、平均次數和預留的十分鐘等要素加以計算,就可以求出基本的所需時間。

然後,以計算出來的所需時間為基礎,依照主題或是出席者多寡進行調整。但議程再怎麼長,也都盡量設定能夠於二個小時內可以結束。所需時間決定之後,緊接著製作會議進行程序,事先明確訂定出會議整體的流程。

實踐 所需時間的計算方式

一個人平均的發言時間（1分鐘）	×	一個人平均的發言次數	×	出席者人數	+	預留時間10分鐘

$$= \boxed{\text{會議所需花費的時間}}$$

● For Example ●

會議的目的：製作新的企劃案／參加者：10人／發言次數：5次

會議的參加者包括營業部、宣傳部、開發部，總共是十個人……假設一個人平均的發言時間為一分鐘……

發言次數是五次，再加上預留時間的十分鐘……

會議的所需花費時間……60分鐘

 消除參加者緊張情緒的暖場

在會議中，輕鬆不拘謹且能集中注意力是最佳的狀況。為了能製造出這樣的氛圍，建議可以做一些「暖場」的動作。這是在會議開始進行之前，為了解除參加者之間的緊張情緒所進行的簡單遊戲、問答或是閒聊。

例如像是隨機抽出寫有名字的卡片，或是尋找掛著名牌的人進行自我介紹的遊戲等，藉著各種兼具交流的遊戲漸漸除去相互之間的隔閡，相信都有一定的效果。

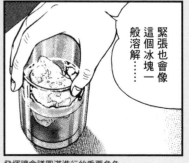

緊張也會像這個冰塊一般溶解……

發揮讓會議圓滿進行的重要角色。

基本 適合舉行會議的會議場所條件

足夠展開資料並可以記錄
相關備忘資料空間的桌面

看得到外面的景色，能夠
感受到時間的流逝

幾乎完全聽不到外面或
是隔壁傳來的聲響

使用OHP或VTR的電線
插座位置適當

配合參加人數準備足
夠的桌椅

牆壁寬闊，能夠張貼許
多的解說板或紙張

白板等的必備用品準備齊全

照明設備充足

時鐘放置在全體人員
都看得到的位置

出入口的位置最好是
人員進出也不會受到
干擾的位置

會議桌腳裝設滑輪
能簡單移動

有空調設備，能夠
調節溫度

長時間端坐也不會
疲累的椅子

配合人數多寡的適當
空間大小

〔其他〕
・場地費用控制在預算範圍內
・多數的參加者花費最少的成本和時間能夠到達的場所

決定會議場所時的重點。

答　案

以最少的成本和時間能夠聚集的場地，選擇出配合人數的會議場所。

召開會議時，對於討論議題的所在環境也要注意。選擇會議場所的重點，首先是多數的參加者以最少的成本和時間能夠聚集的場所，並且是一個無噪音干擾，配合人數多寡的適當空間。白板等必備用品準備齊全，租借費用控制在預算範圍內也是條件之一。加上有能夠張貼紙張的寬闊牆壁則更加理想。

座位的規劃，若十人左右可採用半圓形，若超過這個人數則建議採用少數分組的形式。囉嗦挑剔的人安排在從會議領導者方向看過去不容易看見的座位，溫順沉穩的人則安排在會議領導者附近的座位，並將會議領導者配置在全體出席者都看得見的位置。

實踐 會議場所規劃的基本

因應不同的會議種類或內容，分別利用各種不同的規劃布置。

● 符號為主持人或主辦者

10人以下 ▶ 初步會談或少數人的協議

面對面形

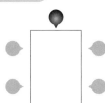

圓桌形

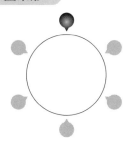

10人～30人以下 ▶ 部門內的傳達、協調、決定會議等

長方形形

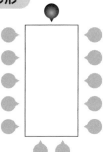

口字形

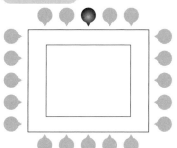

30人以上 ▶ 複數部門之間的協調、決定會議等

教室形

出處：《絕對有效的協商＆會議的技術》二木紘三（日本實業出版社）

101

準備必備用品時，哪些是應該留意的事項？

必備用品必須事先大量準備，以避免會議進行中有不足夠的情形發生。

答　案

基本　便於會議進行的AV工具

投影機

頻繁使用於企劃的發表等場合。由於可以面對著聽眾說話，也是能夠配合顏色的使用，是相當方便的工具。若能運用技巧充分利用OHP的話，能使說服力更為提高，聽眾也能在最短的時間內理解。

當會議不只是單純為了傳達資訊就結束時，有可能需要使用到各種的AV機器。為了因應這樣的需求，必須事前調度備妥所需的機器。

個人電腦

PowerPoint的操作等成為現代會議中不可或缺的工具。視覺化處理簡單且美觀，也可以加入照片。

放映機

將影帶或電腦畫面擴大播放時所必須的工具。影帶因為是利用動畫作為資料使用的關係，除了視覺上的效果，聽覺上也都更有助於聽眾的理解。

會議場所決定之後，就可以進行必備用品的準備工作。

必須準備的用品因會議內容而有所不同，從個人電腦、投影機、白板等會議進行上的必備用品，到麥克筆、原子筆、白紙、標籤紙、雷射光筆等各式各樣的用品。特別是標籤紙，要準備大張一點，簽字筆也要選擇較粗的，重點就是利用容易看見的工具。

另外，避免會議進行中發生短少的狀況，必須事前準備足夠的數量。針對事先必須準備的用品，可以列出清單，就不會有準備上的遺漏。再者，個人電腦等的機器利用，也不要忘記事前確認是否能夠正常運作。

實踐 避免遺漏的必備用品清單

●製作清單

必備用品若沒有準備齊全，將可能造成會議的中斷！

▼

**事先製作
必備用品的清單**

▼

必備用品的準備不會出現遺漏，也防止了會議中斷的可能發生。

嗯，還沒準備的東西有……

記錄討論的過程，並試著將其視覺化

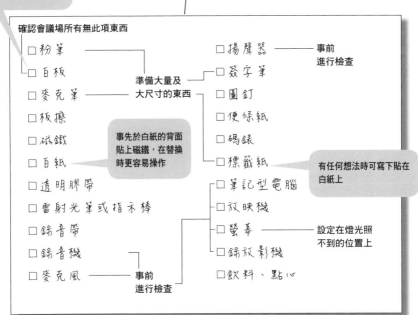

確認會議場所有無此項東西

□ 粉筆
□ 白板
□ 麥克筆 ── 準備大量及大尺寸的東西
□ 板擦
□ 磁鐵
□ 白紙 ── 事先於白紙的背面貼上磁鐵，在替換時更容易操作
□ 透明膠帶
□ 雷射光筆或指示棒
□ 錄音帶
□ 錄音機
□ 麥克風 ── 事前進行檢查

□ 揚聲器 ── 事前進行檢查
□ 簽字筆
□ 圖釘
□ 便條紙
□ 碼錶
□ 標籤紙 ── 有任何想法時可寫下貼在白紙上
□ 筆記型電腦
□ 放映機
□ 螢幕 ── 設定在燈光照不到的位置上
□ 錄放影機
□ 飲料、點心

該如何製作開會通知？

基本 直到發布議程為止的準備工作

會議的概要
→目的、目標、議題、時間和場所

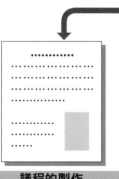

議程的製作
· 參加者的準備項目務必加以
  註明。
· 對於會議的關鍵人物，在議
  程製作完成前以及發布後到
  會議召開的幾天前，一定要
  事先確認出席。

於一週前發布通知
①口頭 ②電話 ③傳真 ④電子郵件
⑤書類的傳閱、親自送達、郵寄

參加者的決定
· 選擇富有變化的成員構成。
· 避免人數過多，以必要的最
  少人數為原則。

收到議程的參
加者，依照議
程內容針對會
議進行準備。

答　案

除了召開會議者、會議的目的、時間
與場所、議題和目標之外，準備事項
也務必加以註明。

會議的時間與場所決定之後，就可以進入發送給各個參加者的議程（開會通知單）製作階段。

在議程中，必須載明召開會議者、日期時間、場所，以及會議的目的、目標、議題，還包括參加者必須準備的事項。

特別是參加者是否事先準備，對於會議的進行會有很大的影響，因此必須事先提出。

通知的方法包括電話、傳真、電子郵件、文件傳閱、郵寄等。或使用電話通知後，也能夠再利用電子郵件、文書等可以留下紀錄的方式進行通知。發布的時間以會議一週前送達為原則。發布的時間之後，必須確認關鍵人物是否出席。

2007年 5月12日
松井一郎
（□□部門總負責人）

×××先生

□□組織編列會議的開會通知

如下記，將召開□□組織編列會議，請充分準備並出席會議。期待您寶貴的意見。

記

會議名稱	□□組織編列會議
會議目的	…………………
會議目標	…………………
預定議題	①……………………………
	②……………………………
	③……………………………
開會日期	2007年〇月〇日（星期〇）
	上午11點～下午1點
會議場所	△△大樓8樓會議室
開催日時	2007年〇月〇日（〇曜日）
	午前11時～午後1時
司儀、主持人	………………
記錄者	………………
參加者	………………
準備事項	•…………………………………
附件資料	•會議進行表
	•………………
	•………………

以上

會議的內容為何？訂出能清楚傳達的名稱。

若能明確寫出所期待的成果，參加者也比較容易事先準備。

時間再久也必須控制在二個小時之內結束。

若能知道會議構成人員，參加者也比較容易辨別會議的性質。

載明參加者應該準備的物品，以及到會議召開前所必須準備的事項。

若是進行簡報的會議，最好能附上參考資料。

左右會議的參加者選擇方式

希望會議參加者的構成能夠有變化，即便是例行會議，也可以試著偶爾改變一下參加的成員。為了召開一個有意義的會議，參加成員的人數以十名左右，最多不要超過十五名。因此以一個部門推選一名，職位上下關係較接近者為最佳。

人選的條件，以議題的當事者或是具有該領域知識的人、影響會議結果的人以及最後下判斷做出決定的人等為中心來進行篩選。

從多數候選者中篩選出理想人選的高難度技巧？

6

什麼人適合擔任會議記錄的工作？

答 案

可以選擇對專業用語具有某種程度理解、字體工整的人做會議記錄。

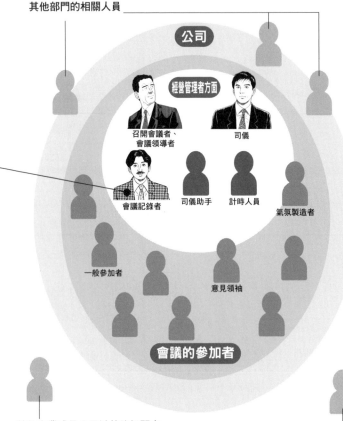

基本 會議的參加者與經營管理者

其他部門的相關人員

公司

經營管理者方面

召開會議者、會議領導者

司儀

會議記錄者

司儀助手

計時人員

氣氛製造者

一般參加者

意見領袖

會議的參加者

其他企業或是公司以外的相關者

會議的主辦單位，除了決定會議的領導者、會議主持人、計時人員之外，也必須決定會議記錄的人選。其中會議記錄者也是非常重要的角色。責任有兩項：一是正確記錄會議中的發言者以及其發言內容，並於會議後製作成議事記錄。第二項則是於會議中，負責將會議內容圖示化並且書寫在白板上等。因此，會議記錄者必須是對於專業用語具有某種程度的理解，並且能迅速寫出大家都能看得懂的字體的人選會比較理想。

另外，會議記錄者除了詢問不理解的措詞用語之外，禁止參與發言內容。為了力求內容正確，可以於會議進行時錄音。

不是直接寫在白板上，可以先寫在白紙上，當寫滿一整張白紙之後取下張貼在牆上，再換上空白的白紙張貼在白板上。

成為大家共有的會議記錄的書寫文字，必須是所有人都能閱讀的字體，並且能夠採取逐項條列式的記載方式。另外，書寫則以速度為優先考量，不必在意錯字或落字。

不誤解發言者的意思，正確記錄發言內容。配合現場狀況也可以進行錄音。

不懂的措詞用語可以立即提出疑問，因此最好具備某種程度的專業用語相關知識。

再者，製作成議事記錄的記錄與白板上的記錄，兩者的記錄方法有些許不同。議事記錄用的記錄部分，必須進行詳細正確的記載。即便是少數意見，也必須毫無遺漏地記錄下來。

而白板上的記錄方式，則是可以讓會議經過一目了然的書寫方式。不必拘泥於錯字、落字，只要將重要事項記錄下來即可。可以利用多種色彩，或是將強調的部分圈起來，讓內容能夠更清楚易懂。

會議記錄者最重要的就是不讓會議進行發生中斷的情形。通常當議論過於熱烈進行的時候，就會來不及記錄。這個時候，可以尋求他人的協助。另外，書寫白板時或是更換紙張時，都應盡量避免造成會議的中斷。

107

何謂引導型會議？

其他的社員每人各帶十份回去發給平常承蒙關照的人，或客戶方面的負責擔當人員，其餘的部分我就帶回去。

公司的月曆設計得很有質感，收到的人應該會很高興。

非常不同於以往的負責任方式，我想這應該就是業務部榊原部長的處事哲學吧！

答案

由會議主持人擔任主導者，以中立的立場主持，由全體成員參加的會議。

通常在會議領導者所負責執行的會議中，決定事項多半會以領導者的個人意思為基準。參加者會有受限的感受，絕大部分這類型的會議會發生信服度或滿意度偏低的情形。

所謂引導型會議，與目前為止一般由會議領導者兼具負責整體會議流程的會議型態截然不同，是由中立的會議主持人來擔任司儀工作的會議。

這種會議型態與固有會議不同的是，它是屬於一種全員參加型的會議。若是在由領導者擔任司儀的會議中，下面的人比較難提出意見，對於領導者的意見也很難提出相反論調。

另一方面，在引導型會議當中，會議主持人站在中立的立場主導會議進行，可以誘導參與的全體成員提出自己的意見。由於參加者也參與決策，因此在實行的階段也會充滿熱忱的。

實踐 引導型會議的特徵

| 引導型會議 | 會議領導者主導的會議 |

適合問題解決

- 意見溝通型
- 全員參加
- 共同意識的形成
- 自我啟發的
- 自由的發想

適合連絡、指示

- 單方面意見
- 領導者為中心
- 強制的
- 義務的

在引導型會議中，全體成員無關職位的高低互相提出意見，經由綜合篩選各方意見後做出最終的結論。

會議領導者主導的會議是依照領導者的個人意思進行，完全是領導者單方面的主張。其結果造成參加者只能聽取發言者的意見，會議就在無法提出新意見的狀態下，依照領導者的決定而結束。

優點	・全體人員的參加意識高昂 ・相互的自我啟發 ・活絡的意見交換	優點	・會議領導者的自我滿足度較高 ・能夠形成慣例 ・快速得到結論
缺點	・做出結論比較花費時間 ・有經驗的會議主持人較少	缺點	・讓會議淪為形式化 ・參加者的參與意識薄弱

會議主持人的工作內容是什麼呢？

基本 會議主持人所扮演的角色

○會議的進行
○時間的控制
○促使目標達成的議論進行受到控制
○誘導全體參加
○從中立的立場引導出參加者的意見
○讓參加者沒有上下位階關係的意識

答案

一方面誘導全體參加者提出意見，另一方面要掌控管理會議進行。

在引導型會議中，會議主持人必須站在中立的立場主持會議並且掌控管理整個會議的進行。

另一方面，引導參加者提出意見，讓意見交換更加活絡，進而讓會議導向結論的方向進行，但注意對於決策不給予任何影響。也就是必須照顧到全場狀況的人物。

另外，不讓參加者有上下位階關係等的意識，製造自由發表言論的氣氛，這也都是會議主持人的工作。引導出每位參加者所擁有的能力，掌控會議能夠呈現提出多樣化意見的蹦躍發言。

當然，雖說是全體參加型的會議，但仍要避免肆無忌憚的發表意見。會議必須在規定的時間內

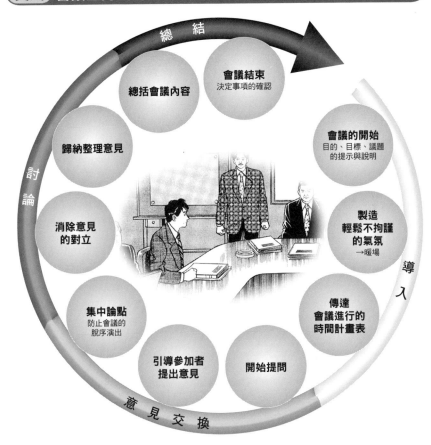

總結

總括會議內容

會議結束
決定事項的確認

歸納整理意見

討論

消除意見
的對立

會議的開始
目的、目標、議題
的提示與說明

製造
輕鬆不拘謹
的氣氛
→暖場

導入

集中論點
防止會議的
脫序演出

傳達
會議進行的
時間計畫表

引導參加者
提出意見

開始提問

意見交換

結束。

因此，會議主持人必須與主管針對會議的流程，在事前先做好商量才能進行討論。

討論的過程是，在參加者充分發表意見之後，經過討論再進行意見的整合，進而做出最後的結論是最基本的型態。

在這當中，會議主持人對於話題的脫序情形進行調整，在討論沒有進展的時候，可以提出「轉換觀點」的建議，確實掌控管理整個會議的進行。

最後，讓所有參加者能夠發自內心認同由大家所共同決議的會議結論，也是會議主持人的重要任務之一。

合力促進的成功案例

瀰漫官僚體質作風的大型企業中，一直到最後做出決策的整個流程速度是非常緩慢的，而且決定事項通常也很難實際付諸執行。

作為跳脫這種體質的一種手段，美國的奇異（GE），採用了「合力促進（Workout）」的方法。

所謂練習就是運用引導型會議來解決問題，促使問題解決實行的速度化。

這個方法的祕訣在於打破部署或組織的框架，進行意見交換，並藉此尋找出最有效率的工作進行方式。將權限賦予現場的人員，使之能直接實行所決定的事項。由於不是間接而是直接的付諸實行，因此不會發生必須經由第二人之手的情形，所以不論是開始著手進行，或是實行的速度都非常快。

這個合力促進方式的成功關鍵，也被認定在於會議主持人身上。

會議中，主持人、書記、計時人員、發言者、小組成員的各個角色分配清楚明確，當然其中也常常可以看到因為主持人的手腕左右會議成功與否的案例。

會議主持人，除了讓參加成員徹底了解會議的目標和成果外，也必須讓討論進行更加活絡，並且誘導能夠踴躍提出具有建設性的意見。接著，必須在時間內彙整綜合出能夠獲得全體參加者認同的最後成果。

就會議內容而言，設定超過現在能力水準的目標，同時一邊顧慮與其他部門的關係，一邊尋求問題解決的手法也是非常重要。但是，總之會議主持人不需要求達到整體會議一致性，只需設定目標在能夠讓與會者達成共同意識即可。

另外，在合力促進實行時，決定責任者，並且將大權移轉至該人身上，也是其特徵之一。因此，聽取決定事項說明報告的經營管理群，就必須針對是否接受這個決議立刻做出判斷。

STEP 5

會議的進行方式

為了讓會議過程進行順利，需要運用什麼技巧？

終於到了開會的日子……也已經做好了萬全的準備

剩下的就只等會議開始而已

2007年10月1日10點

總公司會議室

讓會議圓滿進行的主持人的任務

終於會議開始了。被任命擔任會議主持人的角色，必須盡量蒐集多方的意見，同時要引導參加者共同做出具有建設性的結論。但是，參加者各有各的背景及不同的想法，並非全部的人員都能按照你所認定的方式行動。

在STEP5當中，將針對讓參加者提出意見的方式，以及參加者的對待方式等，讓會議順利進行的諸多技巧進行學習。

基本 主持會議應做的事項

自我介紹	經營管理者方面在進行自我介紹的同時,也進行參加者的介紹。介紹包括由會議主持人逐一介紹所有參加者,以及由參加者自行自我介紹這兩種方法。
議程的確認	反覆閱讀分發的議程概要,事先清楚確認會議的目的、目標及議題。分發的議程並非最終決定的內容,因此若是有所變更,必須確實傳達清楚。這個時候,針對議題必須盡量做出具體的說明。
時間分配	對於大致的時間表及會議結束時間事先做出明確的傳達,促使參加者在時間管理上給予協助。
對參加者的期待	希望參加者能夠積極表達意見等,敘述對參加者的期待。為了讓參加者了解該以怎樣的姿態去面對會議,會議主持人可以藉此明確表示出對參加者的期待。
暖場	例如讓參加者兩人一組進行自我介紹、進行簡短談話,或是進行簡單的遊戲等,以消除參加者之間的緊張氣氛。

首先會議主持人必須做的事情是什麼?

答　案

首先將期待的事項傳達給各參加者,試圖提升參加者的動機。

會議一定要依照事先安排好的時間準時開始,首先,會議主持人必須在會議的一開始先進行議程的確認。

事前分發的議程內容再怎麼說,都不過只是預訂的內容而已。在這個階段,必須針對會議的目的、議題、時間計畫表、發言規則等做出最後的決定。

接著進行各參加者的介紹,同時逐一給予「請試著以會計的觀點來提供意見」等具期待性言語的傳達,讓參加者重新認識自己在這場會議中的角色任務,如此也能更輕易地提出意見。

另外,一開始的暖場幫忙消除緊張感,也是會議主持人的重要任務之一。

實踐 期待參加者提起幹勁的表示方法

會議主持人必須依照參加者的知識、職能分別對其要求在會議中做出不同的貢獻。

非常期待宣傳部門杉田先生針對這次新產品的宣傳費用，和宣傳方法提出具體的提案。

非常期待生產部門的山本同事對於技術層面，以及伴隨的成本面上提出意見。

希望能得到企劃部部高木先生有關從觀察市場動向所提出意見，以及對下次新企劃有何展望的意見。

希望營業部的島田部長，務必能對站在顧客立場的意見進行提案。

會議規則的設定

為了召開具有建設性的會議，在一開始就訂定會議規則是非常重要的。

規則當中必須制定發言的方式以及發言時間等。對於發言內容，類似「反正都是不會成功的」、「一直以來都是這麼做的」等否定性言語或只想維持現狀的言語，都是禁止的事項。

跳脫上下位階關係及部屬的利益等藩籬，設定包括能夠自由提出相反言論等的規則，是絕對有必要的。

嚴禁否定性發言

於會議前事先確實訂定禁止事項。

117

2

依照會議特質的會議進行方式

讓各種類型的會議有意義的祕訣是什麼？

答案

若能時時抱持著務必促使會議得到最終結論的想法，就可以成為有實質成果的會議。

【報告會議的過程】

於會議開始前先將報告內容分發給各參加者

↓

以報告內容為基準進行再確認程度的說明、疑問的解答

↓

篩選提出課題，進行議論

↓

提出結論

↓

實行解決方案

資訊交換會議的重點

依照事先分發的資料，提出事先思考意見的要求。

進度報告會議的重點

在白板上畫出圖表等方式，讓參加者能夠掌握整體概要，明確指出計畫與現狀之間的落差。

雖然通稱為會議，但還是有分報告會議、策略會議等各種形式。會議主持人依照這些會議的種類分別掌控進行的重點，促使參加者能夠共同參與決定。「報告會議」可以在事前分發報告內容，之後在會議中拋出課題進行意見的徵求。報告會議之一的「進度會議」就是在掌握整體性概要之後，讓計畫與現狀的差距可以更明確，然後從中再找出問題點。「資訊交換會議」則是讓不同部門的同事，相互之間也能做到資料的交流與分享。

三種類的「策略會議」中，「問題解決會議」是針對問題下定義、訂定如何消弭計畫與現實之間差距的解決方案。「策略立

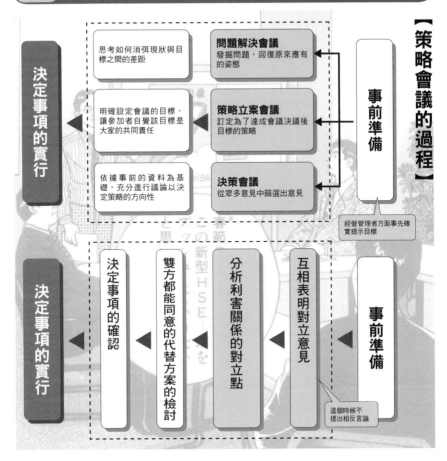

【策略會議的過程】

事前準備

問題解決會議
發掘問題，回復原來應有的姿態
　→　思考如何消弭現狀與目標之間的差距

策略立案會議
訂定為了達成會議決議後目標的策略
　→　明確設定會議的目標，讓參加者自覺該目標是大家的共同責任

決策會議
從眾多意見中篩選出意見
　→　依據事前的資料為基礎，充分進行議論以決定策略的方向性

決定事項的實行

經營管理者方面事先確實提示目標

事前準備
　→　互相表明對立意見
　→　分析利害關係的對立點
　→　雙方都能同意的代替方案的檢討
　→　決定事項的確認
　→　決定事項的實行

這個時候不提出相反言論

案會議」是設定「決定某件事情」等會議的具體目標，然後召開的會議。「決策會議」是於事前提供資料，讓參加者提出多樣的意見，擴大參加者選擇的範圍。然後再針對優先程度等，訂出判斷基準後再做出決定。

「調整會議」之中的「利害關係調整會議」，不能只是互相指責批評就結束。首先要清楚了解雙方的要求，提出消弭不一致點的代替方案，然後尋求第三種的解決方案。

其他像「例行會議」是對於工作的段落性進行預先設定，事先對目的、目標、議題做出清楚定義。「緊急會議」則是不可怠於說明會議主旨。「禮儀會議」的目的則是強調無論如何都不可以忘記恭敬的態度。

119

3 妨礙會議進行的行為該如何處置?

棘手的參加者與對策

對於他人的意見頻頻搖頭等,明顯表達出不滿的態度

詢問對方是否有任何反對意見,並請他說出想法。

推翻決定的上司

對於會議結論之前的過程進行說明並讓對方理解。尤當上司的意見反而比較優越時,則必須引發其他參加者的認同感。

重複相同的話題

除了告訴對方其意見是重要的論點之外,也請對方理解該討論已經結束。

對於他人的意見毫不留情面進行攻擊

促使對方冷靜說出自己的意見而不是只持反對意見。

插嘴干預他人的意見

要求必須等候他人發言結束之後再表達意見。另外,也可以讓他擔任會議記錄者,訓練他聽取其他人談話的能力。

答　案

引導對方積極參加會議,促使提供建設性的發言。

會議失敗的原因中,參加者不適切的言行舉動是其中之一。當然會出現一些遲到早退的人,除此之外還包括插嘴干預他人意見、只是不斷批判他人意見的人等。另外,竊竊私語或只顧著做自己的事情,或是刻意不出席會議,這些都是行為不適切的參加者。

所以,會議主持人就必須確實掌控這類的參加者,讓討論活絡,使會議導向成功的方向。

因此,必須考慮參加者的個性,於事前先想出應對的方法。或者也可以在會議開始時就訂定「禁止批判性意見」等規則。

另外,對待插話或是獨占發言時間的人,在談話告一段落時,

私下竊竊私語

▼

趁休息時間前去詢問是否對會議的進行方式有問題，之後若還是持續私下竊竊私語，則移動他的位置。

總是提出批判的意見

▼

再次讓他了解腦力激盪討論的規則。

做自己的事情

▼

讓對方積極說出意見，或丟出問題詢問意見，或是將配置改以小組討論的形式。

習慣性遲到的人

▼

不必等他到達，按時開始會議。待會議結束後再詢問對方為何遲到。

會議主持人引導其他人發表意見也是有效的方式。

會議中存在注意力不集中的人，也會使大家的開會意願降低。主持人除了更換座位或是等到對方集中注意力為止都保持沉默不語的方式之外，還可以詢問對方意見，或是讓對方察覺不加入議題討論是一種損失，讓參加者有強烈的當事者意識。

再者，對於遲到或是毫無準備等違反禮儀規範的人，可以採取使其不得進入會議室，或是因為準備不足只會流於無意義會議等理由給予處罰。這些都是對於會議全體參加者的士氣具有提升的作用。

4 意見量產的絕佳方法。

基本 何謂腦力激盪？

於一定的時間內，由參加者不斷提出多數的意見。

參加者不被制式化所限，提出各式各樣的意見，在這當中針對所提出的意見，並不會馬上進行相關的議論。

將提出的構想先寫在白板上。

規則

 對於突發奇想的構想給予獎勵

 明確設定限制時間和目標

 不對其他人的意見給予批判或是進行議論

 參加者不會覺得不好意思地盡情發言，提出許多的意見

答　案

不進行討論改採用腦力激盪的方式。

引導型的會議開始之後，首先讓參加者能夠源源不絕不斷地提出意見是非常重要的事。而為了達到該效果的最有效方法就是「腦力激盪」。

所謂腦力激盪就是，運用自由的發想提出多數意見為目的的會議手法。規則相當簡單，就是訂定限制時間以及意見的目標數，其間，不受限於制式化規定或常識，由參加者不斷提出多數的意見。在這當中，一切的批判或議論都是禁止的。

一個人的想法會經由另外一人的想法而受到激發，進而從中不斷產生新的意見構想。

進行腦力激盪的時候，會議主持人所擔負的責任也很重要。主

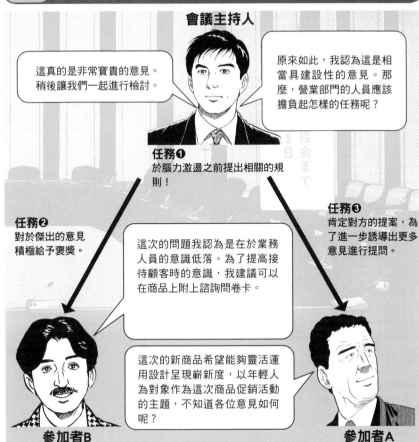

實踐 腦力激盪時會議主持人的任務

會議主持人

這真的是非常寶貴的意見。稍後讓我們一起進行檢討。

原來如此,我認為這是相當具建設性的意見。那麼,營業部門的人員應該擔負起怎樣的任務呢?

任務❶
於腦力激盪之前提出相關的規則!

任務❷
對於傑出的意見積極給予褒獎。

這次的問題我認為是在於業務人員的意識低落。為了提高接待顧客時的意識,我建議可以在商品上附上諮詢問卷卡。

任務❸
肯定對方的提案,為了進一步誘導出更多意見進行提問。

這次的新商品希望能夠靈活運用設計呈現嶄新度,以年輕人為對象作為這次商品促銷活動的主題,不知道各位意見如何呢?

參加者B

參加者A

持人必須要做的準備,首先就是明確訂定主題,另外隨時記錄意見構想的會議記錄員也必須事先進行安排的工作。

腦力激盪開始之後,必須徹底執行對於對方的發言不能打斷傾聽到最後的規則。明確表示不接受批判或批評的態度,並且對於優秀的意見給予讚賞。配合對方的心情使其發言更易進行,以及製造容易讓參加者提出意見的氛圍也是會議主持人的責任。必須要切記,會議主持人的積極性言行舉止,就是能夠提升參加者參與度及力量的泉源。

123

5 當現場意見停滯時的應對方法。

在意見停滯的會議中，原因不只出在參加者方面，經營管理者方面也是問題所在。

經營管理者方面的原因

①會議主持人的力量和準備不足

②召開會議過於倉促

③氣氛的營造失敗

④對於檢討內容只做出抽象的表示

參加者方面的原因

①因為準備不足的緣故，無法抓到會議的主要目的

②對於其他的參加者有所顧忌

③會議的經驗不足

答 案

透過休息來轉換氣氛，或分組進行討論，這些都是對於意見的誘發具效果的方式。

意見停滯但仍持續進行的會議是不會有任何結果的。

原因多在於公司經營管理者以及參加者雙方的準備不足所致。參加者多半是因準備不充足，而公司經營管理者的原因則包括議題過於抽象化，或是因為太過倉促而來不及準備等因素。

但是，即便做足了萬全的準備，也還是會有會議停滯的情形發生。這個時候可以藉由休息或交換座位來轉換現場氣氛，或是進行小組討論讓新的意見更容易釋出。會議主持人也可以誘導關鍵者或是指名某人進行發言，然後再針對該意見進行討論。

稍作休息

當意見出不來時，會議主持人可以宣布進入咖啡時間或上洗手間的休息時間，讓參加者取得心情的轉換。參加者通常能夠重新整理各自的思緒，說不定一個念頭的轉換就能有全新的意見產生。

更換座位

休息時間結束之後，重回會議現場時更換座位來改變氣氛也可以比較容易產生新的意見。在固守形式的會議中，藉由交換座位可讓周圍氣氛更有新鮮感。

提出問題

對關鍵人物提出問題，尋求對方的意見。然後以該意見為基礎，指名其他參加者發表意見，讓議論更活絡化。

另外，分組進行檢討也是有效的方法。在規定的時間裡，請參加者提出意見也是一種方式。

 ### 提出問題有2種方法

　　會議主持人拋出問題之後，促使一個接著一個陸續進行發言的方法，以及拋出問題之後先暫時保持沉默的這二種方法。

　　會議主持人在會議開始後不斷誘導會議的進行不使其間斷的方法，以及當想要轉變觀點進行討論的時候，可善用保持沉默讓參加者暫做思考後再進行提問的方式。另外切記，對於沉默不要過於慌張，這個時候給予參加者充分的時間仔細進行思考。主持人若是慌張急促地先行發言，參加者則會對主持人產生倚賴感，如此意見就無法獲得陳述。

那麼，就請各位稍微想一下。

主持人的說話方式將成為重要關鍵。

引導沉默不語者提出意見的訣竅。

基本 不發言的理由是什麼

這個⋯⋯

那個⋯⋯

⋯⋯

⋯⋯⋯⋯

沉默不語的原因是⋯⋯？

雖有意見卻因本身不具積極發言的個性？

不擅言詞？

因為是新人而有所畏縮？

準備不充足？

答　案

徵詢其專業領域的發言，再試著從這個部分提出相關聯的意見質詢。

有些參加者出席會議非常認真的聽講，但始終不發言。

對於這樣的人，可以試著針對有關專業領域的問題進行提問。只要對方發言之後，再從這個地方進一步提出問題徵詢對方意見。另外，誇獎對方的發言，提高對方的參與動機也是相當具有效果的方法。

但是，新進人員可能會因為上司或前輩的關係而有所顧慮，因此可以讓他們在會議最開始時就先發表意見。

另一方面，作為上司或前輩，也必須下意識地努力消除與新進人員之間的隔閡。若不能做到這點，新人很難自由地陳述意見。

有沒有其他的
意見？

沒有。沒有特別
要說的。

**這樣是沒有辦法誘導對方發言的。試著了解對方的專業領域，
從對方擅長的領域試著進行詢問。**

在這個課題中，從技術的觀點非常
需要您的意見，生產部門的田中先
生，可否從技術方面提出您的意見
作為參考？

欸，我認為這個想法很好。

謝謝。那麼，具體而言您覺得哪一
點好呢？

……這個嘛。
我認為具有優勢的是……這點。

 給喋喋不休的人的處方箋

　　會議中，若是有一個人喋喋不休沒完
沒了地陳述自己的意見，也是非常傷腦筋
的事情。

　　要終結喋喋不休的發言人，可以在發
言的段落處表達「原來如此」的理解，或
是以「就是這樣的結論，對不對」的話語
，做出總結來轉換話題。但是，為了不讓
這樣的人出現，首先要讓對方明確了解發
言目的，並請依照「結論、理由、舉例」
的內容順序發言。接著，也可以於會議前
先訂出嚴守發言時間限制的規則。

毫無組織系統的發言是會議的天敵。

誘發反對意見的方法。

沒有提問和相反意見的會議

參加的當事者參與意識低迷的會議中，沒有任何提問也沒有相反言論出現的狀態下持續進行，在無法做出具建設性結論之下就結束會議。

成為浪費時間的會議

提問和相反意見討論熱絡的會議

參加的當事者意識高昂，提出相當多的意見，經過重複的檢討後做出具建設性的結論。

有意義的會議

答 案

可以親自提出替代方案，或是區分成反對及贊成的不同組別，讓他們互相進行討論。

在沒有提問或持相反意見的會議中，不會有活絡的討論過程，結論則容易流於制式化而了無新意。在會議中應該要衍生的具創造性的意見，也多半都是因為有相對立的態度才會出現。

在會議中，主持人應該將目前為止所提出的報告或意見再次傳達，然後試著促使參與者提問。若這時還是沒有任何提問，進行具體性提問也是有效的方法。

在徵詢反對意見時，可以使用「希望能有站在反對立場的意見提出」的詢問方式來促使發言，或是由主持人直接提出替代方案等，來讓意見比較容易出現。另外，將參加者區分成贊成及反對的不同組別，讓他們從各自的立場進行討論也是有效的方式。

實踐 質詢和反對意見的誘發方法

「質詢的誘發方法」

- △△先生的意見，首先是……，第二點是……的意見。關於所提出的內容有沒有任何其他的問題？
- 有任何從技術方面觀點所提出的質詢嗎？

即便如此還是沒有相關質詢提出的話，就可以做出結論。

「相反意見的誘發方法」

將參加者區分成贊成及反對兩組，讓雙方站在各自的立場展開議論。

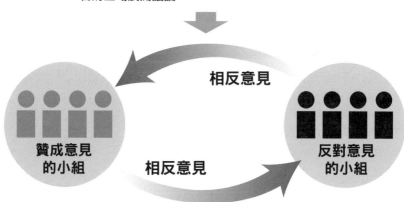

相反意見

贊成意見的小組

相反意見

反對意見的小組

藉由相互的討論，即便自己與所屬的小組持相反意見，
也有可能受到同組參加者的影響，
接受其他的見解而產生出新的意見。

新意見及方案的提出

8

應該如何處理少數意見?

未充分進行討論就直接採取多數決……

少數意見被忽視掉,會出現責任被
強行轉嫁於多數派某人身上的可能性

答 案

只按照多數決就做出結論是一大禁
忌。對於少數意見也要確實聆聽。

企業的會議不可以只採用多數決就作為會議的結論。若是忽視了少數意見,一旦到了實行階段時,往往就會造成腳步混亂、不同心的情形發生。

因此在會議當中,必須確實傾聽少數意見並且獲得全體成員的認同。

而且,在突發奇想的少數意見裡,或許隱藏著獨特創意的暗示,也具有誘導出意想不到結論的可能性。在做出定案之前,可以盡量讓多數派對於提出少數意見的人試著進行勸說。

藉此可以消除少數派被忽視的感覺,才不致使參加的少數派在不滿的情緒下就結束會議。

實踐 活用少數意見的方法

企業的會議裡聚集了各種不同想法的成員進行著議論，各自的責任或權限也都不盡相同。

⋮

不以多數決就作為結論，而是採用全體意見一致的方式來提出結論！

即便是少數意見也不容忽視

會議主持人

大家的意見都表達完畢。接下來進入決案階段，但是在這之前，我想聽一下各位成員對於佐藤先生提案持贊成態度的意見。

▼

詢問少數派的意見

勸說

· 突發奇想的意見
· 賭博性意味的意見

▼

是否潛在隱藏的創造性？

勸說

在做出最終決定之前，要傾聽少數派的意見，並試圖讓多數派進行勸說。即便沒有辦法接受多數派的勸說，但至少少數派不會有完全被漠視、受到忽略的感受，因此在定案之後，他們的信服度也就會提高。

通常在少數意見中也會包含著創意非凡的點子。在決定勝負時可能會有所幫助！

發生激烈辯論時應該如何處置？

基本 當對立發生時……

宮路先生，與其換座位不如我們先出去吧！整件事情好像還沒有學到教訓，讓我來告訴你事情的原委。

喔，正如我願。

給予新的資料
・提供最新的資料數據
・徵詢未參與對立的第三者意見
・提出專家的意見

對於成為事端的意見事實進行確認
・是根據怎樣的事實為基礎的呢？
・是否有具體的資料數據呢？

會議主持人

答　案

不做出加總後除以二的薄弱結論，設法提出消除兩者認知差距的方案。

加入其中一方的意見

被採用者得到百分之百的滿足，但是未被採納意見者則無法認同，在許久之後無法取得平衡的地方仍會持續下去。

消弭兩者間主張的鴻溝

在找出雙方都能夠滿足的立地點為止重複地進行議論，因此能得到兩者都滿意的結果，往後的實行也能順利進行。

在會議中，意見的對立是無可避免的。重要的是，會議主持人必須嚴守中立立場的處理方式。必須避免隨意接受任何一方的主張，或是選擇加總後除以二的隨便簡單做出結論的方式。

發生意見對立時，主持人必須進行事實的確認。此時可以參考專家或不同立場的人的想法，或是試著進行第三方案的提案。

考慮新方案時，必須確認兩者共同的本來目的，試著消弭兩者主張之間的鴻溝。此時，必須重視的是預算、效率等所謂基準的決定，如此一來則更容易找出折衷點。

實踐 對立意見的消除方法

消除對立的建議

◎**探索相互之間的本意，找出對立雙方都能認同的方案。**

・首先，先找出相互之間的共同目的

 For Example 1

・因為商品A尚有庫存，所以想要強化商品A的銷售
・由於是關於商品B的銷售而非商品A，所以想要傾全力
　在B的銷售上

→共同的目的
提高利益

For Example 2

・因為想要傾全力在商品A的銷售，所以希望能生產五萬台的商品A
・因為商品B尚有庫存，所以希望只生產三萬台的商品A

→共同的目的
一邊處理庫存商
品並盡可能銷售
新商品

設定基準然後找出兩者均可能實現的立足點

 判斷
元素

◆競爭企業的類似商品的生產數量
◆市場上已經出現的類似產品數量及其銷售額的動向等

找出相互之間的妥協點，加總後除
以二的薄弱結論，是沒有通過雙方
主張的結論，認同度也很低。

 對於情緒性對立者的處理方式

　因為有各種不同立場的人參加，會議
中意見的對立就是必然的產物。會議主持
人為了防止其發展成情緒性的對立，必須
時常注意發言的內容，當聽到有勾起對立
的情緒性發言時，就要稍加制止。

　即便如此還是發展成情緒性的對立時
，則試圖讓對方理解這是基於立場上不同
的發言。仍然無法解除對立的時候，可以
安排使情緒冷卻的空檔時間。可以向冷靜
的人詢問意見，或先進行其他的討論。

有時強制介入也是必要的。

10

歸納整理會議內容

如何使偏離方向的討論回到主題？

※這是目前公司手上商品 Château、Papillon、Château、Monk等去年的銷售總額圖表

※這些紅酒名稱是虛構的品牌。

等一下，那些應該是舊的數據吧？

是的。雖然是二年前的資料，但是今年也沒有什麼太大的改變

這點小事有什麼關係呢？

情緒逐漸高漲而演變成激烈辯論的開始

出現許多意見後，忘記之前已經提出過什麼意見

忘記本來的目標，失去會議的方向

只在意細部問題而忽視整體的樣貌

答案

在會議的過程中進行整理與歸納，針對整體觀念進行再確認。

會議在進行討論之後，會拘泥在細節部分的討論，而發展成忽略會議整體樣貌的議論。這個時候，會議主持人可以在會議進行過程中稍作歸納整理，讓會議的全貌可以獲得再確認。若能將討論做出歸納，參加者不但能夠再次確認內容，有時候也有可能隨著想法觀念的瞬間改變而讓整體會議的氣氛有所轉換。

另外，關於進行歸納整理的時間點，可以在眾多意見被提出之後、討論突然被中斷時，或是發生激烈辯論的時候，由會議主持人提出。但是，進行歸納整理時，必須先向參加者確認這樣的做法是否合宜。如此，就可以避免獨裁偏頗的作為。

實踐 會議的歸納方法

歸納會議重點的時間點

①討論中斷時

②持續不斷提出意見時

③對立的意見發展成激烈辯論時

④討論冗長時

⑤休息之後

⑥討論的方向性已經偏離本來的目標時

⑦不再有意見被提出時

歸納整理意見的行為，可以讓發生糾紛或演變成激烈辯論的會議稍微冷靜下來，也具有讓陷於膠著狀態的討論重新活絡化的功能。擔任會議主持人，這是一項必須具備的技巧。

【討論的歸納】

將目前為止提出的意見進行歸納之後，可以得到討論進行的重點分別為第一……，第二……，第三……。依照這樣的討論內容應該沒有問題吧？

· 與自己想法不同的意見，也要以公平的立場做整理。

藉由討論的歸納，會議整體得以被再確認，偏離本來目標的內容也可以獲得修正。

控制會議於時間內結束的訣竅。

於休息日或早上召開

在休息日或早上召開會議，容易驅使參加者想要盡早結束的心理，成為具緊張感的會議。

於午休或特定時間前召開

在午休或特定時間的一個鐘頭前召開會議，容易驅使參加者想要盡早結束才可以休息或是回家的心理，產生想要縮短時間的會議氣氛。

沒有椅子的會議場所

站著開會的狀態能夠持續緊張感，提高效率。

租借場地

因為場地是租借的，會讓參加者萌生成本意識，使得會議產生緊張感。另外，因為場地時間受到限制的緣故，就無法拖拖拉拉延長會議時間。

答 案

一有機會就確認時間，讓參加者能夠一邊意識到時間，一邊進行會議。

接著介紹幾個可以讓會議按時結束的管理訣竅。

首先是在規定的時間準時開始會議。即使有遲到者也不用在意。

其次是在會議中，避免與主題無關的發言。可於事前就決定一個人的發言時間。倘若議題是符合其他會議主題的內容，立即中斷直接進入下一個議題。

讓參加者有時間意識也是非常重要的事情。偶爾提示時間，於會議經過四分之三的時候傳達此訊息，並徵詢參加者接下來該如何。因為時間如何使用是由參加者來決定，即便時間延長也不會演變成冗長拖延的會議。

實踐 時間管理的技巧

依照原訂時間準時開始

即使有遲到的人也必須準時開始。同時在會議一開始的時間點就逐一確認議程，言明結束時間，以及做出會準時結束會議的宣告。

避免偏離主題的發言

會議開始後，或許會出現提出偏離主題發言的參加者。這個時候必須立刻制止這類參加者的發言，要求其發言回歸主題。事先規定每個人的發言時間，也是具有效果的方法。

一有機會就告知會議進行的時間

即便是在討論進行當中，一有機會就可以告知參加者目前的時間。另外，在會議時間經過四分之三的時候，除了告知剩餘時間，並確認在剩餘的時間內能夠做些什麼。對於剩餘時間的處理方式可以徵詢參加者的意向，再決定剩餘時間的利用方法。

會議依照原訂時間準時結束！

跨海進行的引導型會議

現在就連工作也已經是全球化的時代。和世界各地的人們一起進行會議的機會也不在少數。在IBM公司裡利用網路或電話來舉行會議，早已經是日常普遍化的事情。

運用網路的引導型會議中，當某研究主題決定之後，會以全世界的IBM員工為對象，提出有關該研究主題相關情報提供的要求。首先是進行適任者的募集工作。

只是，針對該研究主題有興趣的社員也可以無壓力地自由參加，發言也可以無須在意上下階層的關係。這正是能夠向全世界徵詢意見，共同擁有資訊的一種充分發揮最大可能性的工具。

另外，在日本IBM的電話會議，通稱為「Telecon」，也是非常普遍的情形。該公司利用電話會議，宣稱對於問題解決的天數能夠有效縮減成三天的時間。

在《PRESIDENT》雜誌中也提到，當然，電話會議在各個根深柢固的問題方面，的確也曾進行多次的反覆嘗試錯誤才有今天的結果。

其中之一就是在與國外之間的互動。在IBM裡，以外國人為對象的會議也很多，即使英語非常流利，但現實是在看不到對方的電話裡進行溝通，如何能夠像母語一般使用微妙的遣字用語，的確存在著難以充分傳達的現實問題。

因此製作出記錄了依照各種狀況的微妙應對用語，以及如何明確表現的「電話會議英語會話小冊子」。這是由自己感受到與海外公司之間相互理解不夠充分的五位女性員工，自主性組成一個公司內小組，製作出因應各種狀況的必備英語會話，在公司內得到相當大的好評。該手冊因此迅速地在公司內流傳開來，這個小冊子消除了與海外進行電話會議時，下意識覺得因笨拙而排斥的情結，對公司的電話會議發展具有莫大的貢獻。

STEP 6

會議的總結方法

如何完成一個有收獲的會議？

意見表達完畢，磋商後的方向性也大致確定了。

應該差不多要進入結論的階段了，接著該怎麼辦呢⋯⋯

決定是否能成功結束會議的重要時機

　　會議進行中，由多數參加者所踴躍提出的意見，也差不多都精簡整理為幾個重點項目。在這個時候，會議主持人必須做出何時進行結論的判斷。

　　但是，下結論的時機若是拿捏錯誤，就有可能破壞好不容易已經逐漸整合成形的會議。在STEP6當中，將針對會議結論的提出方法、會議的結束方法，以及會議後結論的遵循及實行方法等進行解說。

該如何跳脫不斷反覆進行的討論過程？

討論開始進入反覆時的處理方法

會議始終無法做出結論

會議進行的過程中，多數的意見也逐漸整合歸納完成，但始終無法在幾個方案中做出選擇而陷入反覆的討論之中！

會議主持人提示結論的判斷基準

答　案

將意見分類整理，提出符合會議目標的判斷基準。

經過不斷的討論，已經精簡歸納出幾個意見，但有時候也會因為到底最後該採取哪一個意見而陷入反覆循環的討論之中。

發生這種情況時，可以提出符合會議目標的結論判斷基準。整理討論內容，使類似的意見群組化，整理歸納成幾大項目，然後再和會議目標進行比對，凸顯判斷基準後，就容易做出決定。

即便如此，意見仍然無法整合的時候，可以邀請年長資歷豐富者，請託代為做出最後決定，或是試著徵詢是否有人自願擔任該案件的責任者。萬一還是無法做出結論的話，則可以選擇改天再進行討論。

實踐 判斷基準的提出方法

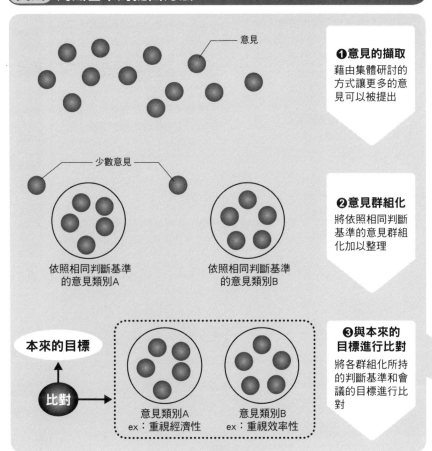

意見

❶意見的擷取
藉由集體研討的方式讓更多的意見可以被提出

少數意見

依照相同判斷基準的意見類別A

依照相同判斷基準的意見類別B

❷意見群組化
將依照相同判斷基準的意見群組化加以整理

本來的目標

比對

意見類別A
ex：重視經濟性

意見類別B
ex：重視效率性

❸與本來的目標進行比對
將各群組化所持的判斷基準和會議的目標進行比對

即便如此仍無法做出結論時……

請託會議參加者中的年長經驗豐富者
參加者都是同年代的同輩時，可要求參加者以外資歷豐富的人或是位居管理職具重要地位的人參加會議。

若是如此還是無法做出結論時，則另找機會再做討論

結論應該在哪個階段提出比較適當?

答案

設定話題的方向性，在差不多可以看到結論時進行提案。

基本 做出結論的時間點

BAD CASE
各方意見發表完畢，話題的方向性也逐漸確定，但是仍想再進行些許的意見交換。
▼
造成參加者的情緒鬆懈，會議整體的士氣低落。

BAD CASE
意見尚未發表完畢，但是因為大致的方向性已經確定而急於做出結論。
▼
爆發不同觀點的意見，造成已接近整合階段的會議出現糾紛。

↕

GOOD CASE
意見發表完畢，會議的方向性也逐漸確定之後，趁這個機會……

各位的意見差不多都已經發表完畢了，那麼就開始進行結論的部分。

進入結論階段的提案！

會議中做出結論的最佳時間點在於各方意見發表完畢，參加者的思考已逐漸確定的時候。時機過早的話，容易爆發不同意見而引發糾紛，若太晚則易使會議拖拖拉拉造成士氣低落。這個時間點的拿捏，絕對不容錯過。

結論以3W2H「何時（when）、為何（why）、何地（where）、多少（how much）、如何（how）」清楚簡潔地進行歸納整合。

另外，結論並不一定要以全體意見一致為目標。只要誘導會議趨於取得意見一致的方向進行即可。為了取得意見一致，祕訣就在剩餘的複數提案當中，找尋對多數人支持的提案仍有不贊成的人，再針對那些人進行適當的調整。

以全體意見一致為目的

以會議原則,也就是全體意見一致的結論為目的,摸索出雙贏的途徑。

會議冗長,在無法做出結論的狀態下時間一分一秒流逝。

不求全體意見一致

不拘泥於要求全體意見必須一致,但以能夠得到全體理解並同意的結論來進行整合。

明確的決定事項獲得決定之後迅速結束,是具有意義的會議。

● 取得共識的方法

在議論進行中,一旦多數人支持的意見明確之後……

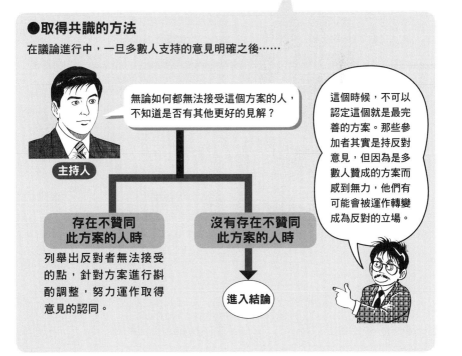

主持人:無論如何都無法接受這個方案的人,不知道是否有其他更好的見解?

存在不贊同此方案的人時
列舉出反對者無法接受的點,針對方案進行斟酌調整,努力運作取得意見的認同。

沒有存在不贊同此方案的人時
→ 進入結論

這個時候,不可以認定這個就是最完善的方案。那些參加者其實是持反對意見,但因為是多數人贊成的方案而感到無力,他們有可能會被運作轉變成為反對的立場。

3

會議領導者的角色扮演為何?

答　案

將會議交由參加者負責,只擔負決策及決定事項實行時的責任。

基本 與決策有關的會議領導者

民主的 ←———————————→ 專制的

完全認同	共識	多數決	調停	說服	獨斷
全體想法達到百分之百一致為主不斷地進行議論	經由全體的討論產生能夠得到全體支持的單一方案	以多數派的意見為主做出結論	針對意見的分歧,會議主導者從中進行調停使之妥協	會議領導者為了讓對方順從自己的意思,於是向參加者進行勸說	無視於參加者意見,完全由會議領導者一人進行決策

會議領導者的決定權

承認

擁有會議決策權的領導者,必須承認會議中所決定的結論。但是,緊急狀況時或是當參加者知識不足時,有時候也會發生必須反對會議的決定,被迫做出獨斷行為的情形。

會議的決定事項必須經由領導者的承認而做出決策

會議領導者,必須集結參加者的力量,將會議導向能夠獲得更好的結論方向前進。

會議領導者在會議中必須貫徹不參加議論,對於參加者的發言僅以點頭表示贊同,或對會議停滯不前時促進意見的發表,領導者最主要目的都僅止於創造讓參加者更容易發言的氣氛。

結論決定時,注意不得強行加諸自己的意見,功能僅止於促使參加者的意見趨於一致進而得到結論。

除此之外,領導者對決定的結論必須表示承認,並對於結論的實行具有責任。另外,管理實行計畫及促進付諸實行也都是會議領導者的工作。

POINT 1

製造參加者容易發言的氣氛

・對於參加者的發言點頭表示贊同，或是做出同聲附和的反應，製造出容易發言的氛圍。
・會議領導者基本上不做意見的闡述，徹底扮演聽眾的角色。
・當會議氣氛消沉時，必須擔任提高氣氛的角色。

POINT 2

引導促使獲得更好的結論

・即便始終無法做出結論，會議領導者也不可以立刻提出結論。
・氣氛消沉低落時，可以對部下進行提問。
・不將自己的意見強行加諸於參加者身上。

POINT 3

對於會議結束後的實行計畫具有責任

・會議結束後，必須向上司說明結論和會議的過程。
・即使受到上司反對，也不能直接將意見轉達參加者，必須冷靜進行勸說。
・掌握在會議中決定事項的進行狀況，並對參加者給予指示。

在會議結束前必須要做的事是什麼？

答 案

將會議內容做重點整理，並確認決定事項和會議後的實行計畫。

基本 於會議結束前對會議整體進行重點整理

出現結論，並得到會議領導者的承認

●會議主持人在這個時候進行會議的重點整理

在今天的會議中進行了以下的相關議題討論，首先第一是必須掌握問題的現狀……的相關議題，其次是必須追究探討問題的原因……的相關議題，第三則是關於必須檢討問題的解決策略……的議題。

協助參加者重複剛剛的議題討論，有助於使其獲得成就感和滿足感

提升會議主持人、經營管理者方面的評價

在會議結束前，會議主持人對會議內容進行重點整理及確認決定事項是非常重要的工作。藉由結論和實行的再確認，可以滿足參加者的成就感。

另外，根據會議決定事項，確認由誰擔負什麼責任，並公開負責人員姓名，可以消除參加者不必要的誤解，讓決定事項能夠順利付諸實行。

為此，對於會議的確認不應該只是口頭上進行確認，可以簡單扼要寫在白板上，進行視覺上的確認。若是無法達成結論的時候，則應該要確認下次開會應該進行的事項之後方能結束會議。

實踐 不可以忘記的會議確認

結束會議的重點整理之後，若參加者回想剛剛會議一直到完成結論為止的中間過程，則再次確認會議的決定事項。

將決定事項寫在白板上並同時進行確認，明確可以了解是誰？在什麼時候？做了些什麼？
甚至可以連個人姓名都確實書寫。

在農曆春節的特賣中，我想強力推銷新型HSE－501產品

針對決定事項，必須一件一件仔細進行確認。

此時的確認工作若有所懈怠，可能會在原本已經取得共識的項目產生解釋上的錯誤，使得決定事項在實行時產生障礙。

 連結到下次會議的結束方法

　　會議結束時，先決定下次的會議日程會比較有效率。可以節省再次協調會議時間的手續及時間，藉由事先提示會議的目的，也能夠提高參加者的意願。

　　這時，也可以事先決定下次會議的責任分擔。除了下次會議的主持人和記錄者，包括確認會議中決定事項是否能按照預定進行的執行負責人員也能夠事先決定。這些成員就是下次會議的軸心人物。

下次的會議主持人是福浦先生，會議記錄者是初芝先生，計時人員則麻煩由小林先生來負責

預先思考的行動可以節省一些手續與時間。

149

會議結束後，該針對哪些要點進行評價？

評估參加者對結論的貢獻度，以及經營管理者對會議進行的方式。

基本　取得會議評價的要點

- 將會議結束前的5分鐘做為Review（再次審視會議）的時間。
- 於會議結束後的5～10分鐘之間聽取參加者的評價。
- 於會議後進行問卷調查。
- 將會議錄影、錄音，並於結束後進行確認。

從會議的評價當中，進行符合下次目標的反省。

即便獲得的評價不高，但反省必定對下次會議有所幫助。

會議結束後，進行整理。會議的事後整理也是一種禮儀。將使用過的東西物歸原位，並確認是否有遺忘的物品或垃圾。

另外，在會議結束時或會議後進行評價。身為會議主持人，會議進行的方式以及能否誘導趨向好的結論，相信這些都是評價的重點。

詢問參加者優點以及必須改善的地方，也可以試著做問卷調查。若是有問題，就要了解其原因和思考應對方案。

另一方面，參加者必須反省自己對結論有多少程度的貢獻。將這些活用到下次的會議上，並試著提升讓決定事項順利付諸實行的意識。

實踐 參加者方面的檢查表

□對事前分發的資料是否確實閱讀過？

□未遲到準時抵達會場嗎？

□會議當中，沒有竊竊私語並且集中精神嗎？

□是否進行發言？

□能夠做出簡潔具有條理的發言嗎？

□能夠嚴守規定的發言時間嗎？

□對於反對意見是否冷靜處理？

□不侷限於自己所屬部門的利益，而是針對公司全體利益進行思考？

□對於結論是否有所貢獻？

實踐 經營管理者方面的檢查表

□是否為必要的會議？

□議題是否都是重要性高且緊急的事項，並能夠精簡列為三項以內的
　重點嗎？

□分發資料的內容是否適切？

□會議資料的分發時間點是否合適？

□對於會議的目的、目標、標題，參加者是否理解？

□會議的場所和環境是否適當？

□經營管理者方面的準備是否充分？

□參加者的人選是否適當？

□參加者是否集中注意力在會議進行上？

□議題討論是否進行活絡？

□發生激烈辯論時的處理是否適當？

□議論停滯不前時的處理方式是否適當？

□讓全體參加者都能理解接受嗎？

□是否依照會議的目標引導出有效的結論？

□是否依照時間準時開始並且準時結束會議？

□會議報告書是否正確製作完成，並在會議後一星期以內分發？

□訂定決定事項的實施方法，亦即實施計畫書，是否已經製作完成？

□決定事項是否確實付諸實行？

6 會議報告書的製作方法。

●會議結束後……製作會議報告書●

會議報告書的效果

明確表示會議的結論
及實施項目

可以在參加者之間形成共識
防止不必要誤解的產生

保存會議記錄，
並能在日後加以活用

成為作為會議評價
和反省用的資料

答　案

製作能夠書寫會議形式及內容的表格模式，並製作報告書。

　　會議報告書在會議結束之後要馬上開始著手製作。會議報告書是對於會議的結論及實行計畫進行再確認，以及讓之後的實行計畫能夠順利進行的必要物件。

　　另外，從會議的評價或是記錄保存的觀點來看，也是非常重要的。因此希望報告書的內容是正確且簡潔扼要。

　　使用一定的格式，或是事先利用電腦的範本圖檔製作報告書的表格模式等都是非常方便的。內容則是由會議的形式面、記錄意見及決定事項等的內容面，以及有關製作方面確認的這三個部分所構成。這些部分都能一目了然的表格模式，就可以稱得上是一份好的報告書。

會議名稱	
會議日期	○○年□月△日（星期○）　13：00～14：30
會議場所	總公司□樓　○○會議室

召開會議者： 司　儀： 記錄者：	出席者：

議 事 內 容	1.發表事項 2.決定事項 3.檢討事項 　① 　② 　③ 4.下次會議檢討事項 　① 　② 5.特殊事項 6.下次會議預定日 　日期：○○年□月△日（星期○）　15：00～17：00 　場所：總公司□樓　○○會議室

事先製作會議報告書的表格形式，之後的會議都可以利用該表格，非常具有效率！

製作者	
報告書確認者	………………　蓋章

會議報告書利用逐項條列的方式記載，內容一目了然。會議結束之後必須開始著手製作，內容的正確性也是要求的重點，所以嚴禁錯誤發生。

基本 簡單易懂的會議報告書

淺顯易懂的報告書製作重點。

這個會議報告書……原來如此，在Ａ４大小紙張上確實進行簡潔扼要的整理，非常容易閱讀。

這部分是圖表和表格……這些部分都確實分開製作成附件。不錯，很好很好，這是一份簡單易懂的報告書。

製作成圖表的附加資料

在一張A4用紙上，以一定的格式做簡潔的內容整理

所製作出來的會議報告書……

檔案夾歸檔	將文書裝訂於檔案夾內以方便保管。降低文書遺失的可能性。
裝箱歸檔	將檔案放入符合A4紙大小的箱子內保管。
電子歸檔	將文書用CD、磁碟片或光碟進行保存。能夠將大量的文書做精簡的保管。
資料庫保存	將文書儲存於電腦主體中進行保存。
直立式歸檔	將文書放入V字形的文書夾中，保存放於抽屜裡。

答 案

根據七項重要原則為基礎，製作簡單易懂的報告書。

會議報告書，不僅要讓出席會議的人，也必須讓所有與決定事項有關係的人員都能容易理解。

因此，格式、內容最好都能按照基本規則書寫。格式以一張Ａ４紙大小為基本，利用放映機時，若能使用電腦進行編輯，則可以簡單製作完成。

內容方面以記錄者所寫的記錄內容為基準進行製作。因此，記錄者在擷取記錄時，對於精準度及表現方法等都必須多加注意。

製作簡單易懂的會議報告書的訣竅就在於，首先是根據事實內容，公正且客觀、簡潔且正確地進行書寫。日期或特定專有名詞等，使用具體的表現。明確記載達成決定的中間過程和決定的理

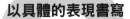

簡潔書寫

條列式書寫，注意每一條項目的文字要簡短扼要，不要變成長篇文章。圖表另行整理在其他紙上，作為參考圖表。

以公正的立場書寫

不加入個人的意見或評價，依照事實記錄內容。嚴禁偏向於特定參加者的立場，或是迎合上司或前輩的書寫方式。

以具體的表現書寫

避免曖昧的表現，將決定事項和實施項目清楚明瞭加以記錄書寫。

寫出達成決定之前的中間過程

出現什麼的意見、經過什麼的過程，以及達成什麼的結論等，都應正確加以記錄書寫。

明確寫出會議後應該做些什麼

會議後參加者的實施項目，應明確記載到什麼時候為止、由誰必須做些什麼事情。

明確提出決定方案的根據

明確提出被採用意見的採用理由，以防止日後有疑問發生。

明確寫出反對意見的否決理由

確認被否決掉反對意見的否決理由，以防止日後有疑問發生。

由。同時，對於反對意見的否決理由也應確實記載。最後是明確表示實施計畫。

報告書完成之後，發給必要的人員，其中一份進行歸檔。分發對象除了會議全體參加者和缺席者之外，也要分發給和會議決定有關係的人員。

文書歸檔，如果是紙張，通常利用檔案夾、裝箱或直立式歸檔方式。最近則多不使用紙張，而改用電子歸檔或是電腦資料庫保存等方式。如此一來，即使資料檔案數量增多也不必擔心，不管是活用記錄的時候，或是保存都很方便。

讓決定事項確實實行的方法。

會議結束後已經過一星期了……

竟然都還沒有任何人去實行決定項目。

為了不要演變成這樣的情況，必須製作實施計畫書

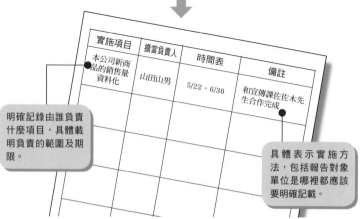

實施項目	擔當負責人	時間表	備註
本公司新商品的銷售量資料化	山田山男	5/22～6/30	和宣傳課佐佐木先生合作完成

明確記錄由誰負責什麼項目，具體載明負責的範圍及期限。

具體表示實施方法，包括報告對象單位是哪裡都應該要明確記載。

會議中的決定事項整理成報告書之後，再以此為基準製作決定事項的實施計畫書。實施計畫書分發後，參加者也能夠知道會議後自己應該做些什麼，如此一來，實施項目就得以確實被實行。

答 案

分發明確記載由誰、該在什麼時候為止、完成什麼事情的實施計畫書。

會議後最重要的工作就是確實實行會議中的決定事項。

達成此項工作的對策，首先就是事先分發整理記載到什麼時候為止、必須由誰、應該做些什麼工作的實施計畫書給相關人員。

製作實施計畫書時，訣竅是先製作出流程圖幫助思考。確認相互關係，然後計算一個作業所必須的實行天數。訂定計畫時，從實行完成日開始逆向推算就比較容易掌握。

但是，計畫終究只是計畫。有時候也會發生決定事項無法按照預定計畫進行的情況。因應這樣的狀況，必須事先任命進行管理者。

進行管理者發現延遲狀況時，

實踐 若是決定事項無法付諸實施時

●會議的決定事項付諸實行之後才可以說這個會議是成功的●

設定進行管理負責人

進行管理負責人必須經常對實施項目是否被確實實行進行管理，並接受有關業務進行的報告。

判定進行狀況延遲

與整體進行無關的部分延遲	與整體進行有關的重大延遲
負責人為了挽回延遲的部分，做出調整的指示。	報告上司，商量後再次召開會議努力尋求狀況的改善。

再次開會的結果……

原因在於負責人	負責人以外的原因
・要求本人的意識改革 ・建議延遲的負責人接受協助者 ・變更負責人	・去除妨礙作業的障礙 ・重新思考實施方法 ・製造容易付諸實行的環境

首先確認是部分的延遲呢？還是會影響整體進行的延遲？能夠簡單調整時，就給負責人員直接的指示。但是，若是會影響到整體的延遲狀況時，應立刻和上司商量，召開會議再次討論對策。為了不要演變成如此的狀態，若是新手負責人員，可以安排有經驗的指導者，事先擬訂不使作業發生問題的計畫。

如此一來實行計畫若能順利進行，會議也才稱得上是有意義的會議。

會議是確認決定事項的場所，同時也是企圖培育人才的場所。除了技術面的能力及思考方式的提升，尚要學習問題解決能力等方面的技能。

新商業周刊叢書　　　BW0665

弘兼憲史教你有效開會做簡報

原出版者／幻冬舍
原 著 者／弘兼憲史
譯　　者／謝育容
企劃選書／王筱玲
責任編輯／王筱玲、劉芸　　　　　校對編輯／李韻柔、吳淑芳
版　　權／翁靜如　　　　　　　　行銷業務／林秀津、周佑潔、莊英傑、何學文
總 編 輯／陳美靜　　　　　　　　總 經 理／彭之琬

發 行 人／何飛鵬
法律顧問／台英國際商務法律事務所 羅明通律師
出　　版／商周出版
　　　　　臺北市中山區民生東路二段141號9樓
　　　　　電話：(02) 2500-7008　傳真：(02) 2500-7759
　　　　　E-mail：bwp.service@cite.com.tw
發　　行／英屬蓋曼群島商家庭傳媒股份有限公司　城邦分公司
　　　　　臺北市中山區民生東路二段141號2樓
　　　　　讀者服務專線：0800-020-299　　24小時傳真服務：02-2517-0999
　　　　　讀者服務信箱E-mail：cs@cite.com.tw
　　　　　劃撥帳號：19833503　戶名：英屬蓋曼群島商家庭傳媒股份有限公司城邦分公司
訂購服務／書虫股份有限公司客服專線：(02)2500-7718；2500-7719
　　　　　服務時間：週一至週五上午09:30-12:00；下午13:30-17:00
　　　　　24小時傳真專線：(02)2500-1990；2500-1991
　　　　　劃撥帳號：19863813　戶名：書虫股份有限公司
　　　　　E-mail：service@readingclub.com.tw
香港發行所／城邦(香港)出版集團有限公司
　　　　　香港灣仔駱克道193號東超商業中心1樓
　　　　　電話：852-2508 6231 傳真：852-2578 9337
　　　　　E-mail：hkcite@biznetvigator.com
馬新發行所／城邦(馬新)出版集團
　　　　　Cite (M) Sdn. Bhd.
　　　　　41, Jalan Radin Anum, Bandar Baru Sri Petaling, 57000 Kuala Lumpur, Malaysia.
　　　　　電話：(603) 9057-882　傳真：(603) 9057-6622　E-mail: cite@cite.com.my

內文排版&封面設計／因陀羅
印　　刷／鴻霖印刷傳媒股份有限公司
總 經 銷／聯合發行股份有限公司　　電話：(02)2917-8022　傳真：(02)2911-0053
　　　　　新北市231新店區寶橋路235巷6弄6號2樓

■2009年8月初版　　　　　　　　　　　　　　Printed in Taiwan
■2018年3月8日二版1刷
Chishiki Zero kara no Kaigi Presentation Nyumon
Copyright © 2007 by Kenshi Hirokane
Chinese translation rights in complex characters arranged with GENTOSHA INC.
through Japan UNI Agency, Inc., Tokyo and Future View Technology Ltd.
Complex Chinese translation copyright©2009 by Business Weekly Publications, a division of Cité
Publishing Ltd.
All Rights Reserved.
定價260元　　　　　　版權所有‧翻印必究
ISBN　978-986-6369-22-3

國家圖書館出版品預行編目資料

弘兼憲史教你有效開會做簡報／弘兼憲史原著
；謝育容譯 －－ 初版. －－ 臺北市：家庭傳媒出
版：家庭傳媒城邦分公司發行, 2009. 08
　面； 公分.－－（新商業周刊叢書；331）
ISBN 978-986-6369-22-3（平裝）
1. 簡報　2. 會議

494.4　　　　　　　　　　　　98012782

城邦讀書花園
www.cite.com.tw

商周出版

104台北市民生東路二段141號2樓

英屬蓋曼群島商家庭傳媒股份有限公司　城邦分公司

請沿虛線對摺，謝謝！

商周出版

書號：BW0665　　　　書名：弘兼憲史教你有效開會做簡報　編碼：

商周出版

讀者回函卡

謝謝您購買我們出版的書籍！請費心填寫此回函卡，我們將不定期寄上城邦集團最新的出版訊息。

姓名：_____　　性別：□男　□女

生日：西元_____年_____月_____日

地址：_____

聯絡電話：_____　傳真：_____

E-mail：_____

學歷：□1.小學　□2.國中　□3.高中　□4.大專　□5.研究所以上

職業：□1.學生　□2.軍公教　□3.服務　□4.金融　□5.製造　□6.資訊

　　　□7.傳播　□8.自由業　□9.農漁牧　□10.家管　□11.退休

　　　□12.其他_____

您從何種方式得知本書消息？

　　　□1.書店　□2.網路　□3.報紙　□4.雜誌　□5.廣播　□6.電視

　　　□7.親友推薦　□8.其他_____

您通常以何種方式購書？

　　　□1.書店　□2.網路　□3.傳真訂　□4.郵局劃撥　□5.其他

您喜歡閱讀哪些類別的書籍？

　　　□1.財經商業　□2.自然科學　□3.歷史　□4.法律　□5.文學

　　　□6.休閒旅遊　□7.小說　□8.人物傳記　□9.生活、勵志　□10.其他

對我們的建議：_____

_____

_____

_____